高等职业教育机电类专业系列教材

电气控制与三菱 PLC 控制技术

主　编　朱根元

副主编　韩立洋　杨　潇　李琳琳

　　　　李四华　唐胤明

参　编　徐　宇　汪　涛　陈志勇

主　审　朱仁盛

西安电子科技大学出版社

内 容 简 介

本教材是高职院校课程改革系列教材之一,是高职院校教学一线教师与企业技术人员根据国家教育部 2019 年发布的新一轮课程标准共同开发的教材。

本教材简要介绍了低压电器的基本知识及电动机常见的继电控制电路,叙述了可编程逻辑控制器(PLC)的基本原理及三菱 PLC 的基础知识,着重讲述了三菱 PLC 的基本指令、步进控制、功能指令及 GX Works2 编程软件的使用方法,并给出了三菱 PLC 的应用实例。

本教材可作为职业院校(含高职与中职)机电大类相关专业的技术基础平台课程教材,也可作为相关行业的岗位培训教材及有关人员的自学用书。

图书在版编目(CIP)数据

电气控制与三菱 PLC 控制技术 / 朱根元主编. —西安:西安电子科技大学出版社,2021.9
(2025.8 重印)
ISBN 978–7–5606–6184–1

Ⅰ. ①电… Ⅱ. ①朱… Ⅲ. ①电气控制—高等职业教育—教材 ②PLC 技术—高等职业教育—教材 Ⅳ. ①TM571.2 ②TM571.6

中国版本图书馆 CIP 数据核字(2021)第 175176 号

策　　划　陈　婷
责任编辑　陈　婷
出版发行　西安电子科技大学出版社(西安市太白南路 2 号)
电　　话　(029)88202421　88201467　　　　邮　　编　710071
网　　址　www.xduph.com　　　　　　　　电子邮箱　xdupfxb001@163.com
经　　销　新华书店
印刷单位　西安日报社印务中心
版　　次　2021 年 9 月第 1 版　　2025 年 8 月第 4 次印刷
开　　本　787 毫米×1092 毫米　1/16　印张 11.5
字　　数　266 千字
定　　价　34.00 元
ISBN　978–7–5606–6184–1
XDUP 6486001–4
***如有印装问题可调换

前　　言

随着生产力和科学技术的不断发展，人们在日常生活和生产活动中大量使用了自动化控制设备，这不仅节约了人力成本，而且提高了生产效率、降低了生产成本，为实现高效自动化生产奠定了基础。可编程逻辑控制器(PLC)控制系统是在传统的继电控制器的基础上引入微电子技术、计算机技术、自动控制技术和通信技术而形成的一代新型工业控制装置，目的是取代继电器、执行逻辑、计时、计数等顺序控制功能，建立柔性的远程控制系统。PLC控制系统具有通用性强、使用方便、适应面广、可靠性高、抗干扰能力强、编程简单等特点。PLC控制技术在现代自动化生产中得到了极其广泛的应用，掌握PLC控制技术有利于设计、更新、维护这些自动化设备。

本教材是由来自高职院校教学工作一线的骨干教师和学科带头人，在对现代企业中三菱PLC控制技术应用的实际情况进行调研的基础上，在企业有关人员积极参与和指导下共同完成的。编写过程中，我们考虑到高职院校机械类专业及工程技术类相关专业学生的基础情况，结合约为72学时的总学时数，参考国家级相关行业的标准与规范要求，努力贯彻教学改革的精神，力争为教学质量的提高和高素质技能型人才培养目标的实现提供基础保障。

本教材从理实一体化的角度出发，结合项目教学法，介绍了基本继电控制电路，三菱PLC的基本知识、基本指令及部分功能指令，GX Works2编程软件的使用方法以及三菱PLC的应用实例等内容，注重新知识、新技术、新工艺、新方法的介绍与训练，为学生的后续专业课程的学习与发展打好基础。本教材可作为职业院校机械类专业及工程技术类相关专业的基础课程教材，也可作为相关行业的岗位培训教材及有关人员的自学用书。

本教材具有以下特色：

(1) 凸显职业教育特色。本教材以就业为导向，根据职业院校机电大类及工程技术类相关专业学生将来面向的职业岗位群对高素质技能型人才提出的相关职业素养要求来组织结构与内容，降低理论阐述的难度，突出学生实验实训技能的培养与训练。

(2) 根据职业院校机电大类专业及工程技术类相关专业毕业生将从事的

职业岗位(群)要求，以及企业要求毕业生必须了解的知识、掌握的技术、具备的能力，删除原教学内容中难、繁、深、旧的部分，按照"简洁实用、够用，兼顾发展"的原则组织课程内容，重点介绍三菱 PLC 的编程方法与应用，为学生设计与分析 PLC 控制系统打好基础。

(3) 体现以能力为本位的职教理念，即以学生的"行动能力"为出发点组织教材内容，合理选取单元内容，由浅入深、循序渐进，符合学生的认知规律。

(4) 注重本课程教学的学生评价，遵循过程评价和最终评价相结合的原则，既关注结果，又关注过程。本教材倡导不仅要重视学生平时的实验实训技能考评结果，也要重视对学生学习过程的评价，包括对学生的学习态度、学习方法、学习习惯、劳动纪律、文明生产等的评价。

本教材分为 10 章及 4 个附录，由苏州工业园区职业技术学院朱根元担任主编，由苏州工业园区职业技术学院韩立洋、杨潇、李琳琳、李四华、唐胤明担任副主编；参与编写的还有徐宇、汪涛、陈志勇等。全书由朱仁盛教授主审。

本教材作为高等职业教育机电类专业系列教材之一，在推广使用中，非常希望得到其教学适用性反馈意见，以便我们不断改进与完善。由于编者水平有限，书中疏漏和不妥之处在所难免，敬请读者批评指正。

编　者

2021 年 6 月

目　　录

第 1 章　电气控制技术基础

1.1　绪　　论

电气控制系统是指由若干电气元件组合而成的，用于实现对某个或某些对象的控制，从而保证被控设备安全、可靠运行的系统，其主要功能有自动控制、保护、监视和测量。现代电气控制系统的触角已伸向各行各业，从食品加工到服装加工、从大棚蔬菜种植到机械产品生产、从民用电器加工到军工产品生产，处处都有它的身影。电气控制技术的发展也走过了几个比较有代表性的阶段，了解这几个有代表性的发展阶段及其特点，对于学习电气控制技术有很大帮助。

1. 开关控制电气阶段

早期的电气控制都比较简单，主要是实现电器与电源之间的通断控制。由于当时的电器电压不是很高，电流不是很大，所以开关普遍采用裸露的非封闭形式，因此称为可见断点开关。比较有代表性的开关电器就是刀开关，至今仍然在普遍使用。由于开关一般由人直接操作，开关的通断速度很慢，因此只能用于低压且电流不太大的控制场合。

2. 继电控制电气阶段

继电控制系统是利用具有继电特性的元件进行控制的自动控制系统。所谓继电特性，是指在输入信号作用下输出仅为通、断等几个状态的特性。由于其控制方式是断续的，因此也称为断续控制系统。各种接触器、继电器的使用，对电气控制技术的发展具有决定性意义。继电器与早期的开关电器相比具有许多优异的特点，如具有记忆功能、动作速度快、可以实现较远距离控制、具有放大作用、可以实现各种保护、可以实现监测功能等。

正是由于继电器具有上述强大功能，自动装置上的继电器与其他电器一起可以组成程序控制线路，从而实现自动化运行。由于继电器的出现，人类才第一次实现了电气控制自动化。因此，继电器的运用在电气控制的发展史上具有里程碑意义。

继电器接触式控制系统具有控制结构简单、方便实用、易于维护、控制容量大、抗干扰能力强、价格低廉、控制装置比较简单等优点。同样功率下，继电控制装置的质量和体积在各类控制系统中是比较小的，因此它被广泛应用于各类电气控制设备中。目前，继电器接触式控制仍然是电气控制设备中最基本的控制形式之一，继电器-接触器控制系统至今仍在许多生产机械设备中广泛应用。

继电控制系统的主要缺点是控制的非线性，同时存在接线方式固定、灵活性差、难以适应复杂和程序可变的控制对象的要求，以及工作频率低等。由于继电控制系统的电气接点太多，而且接点容易锈蚀、烧蚀、熔合及接触不良，因此继电控制系统的故障率较高，存在可靠性差的问题。同时继电器的线圈耗电量很大，也不易实现电气控制设备小型化的要求。

3. 数字逻辑控制阶段

开关电器和继电器控制的实质就是开关量的控制，因为只有接通"1"和断开"0"两个状态。这里所讲的数字逻辑控制阶段是指集成电路被普遍采用以后，使用逻辑门电路进行的数字逻辑控制。

在实际生产中，由于大量存在一些用开关量控制的简单的程序控制过程，而实际生产工艺和流程又是经常变化的，传统的继电器接触式控制系统通常不能满足这种要求，因此曾出现了继电器接触控制与电子技术相结合的控制装置，叫作顺序控制器。它是通过组合逻辑元件插接来实现继电器接触控制的，但装置体积大，功能也受到一定限制。

集成电路的逻辑门芯片具有体积小、质量轻、耗电量小、工作可靠的特点。由集成的各种门电路、触发器、寄存器、编码器、译码器和半导体存储器组成的组合逻辑电路和时序逻辑电路，已广泛应用在电气自动控制中，并且比较成功地解决了组合逻辑电路的竞争-冒险现象。数字逻辑控制阶段最为成功的案例是数控机床的应用。为解决占机械总加工量 80% 左右的单件和小批量生产的自动化难题，20 世纪 50 年代出现了数控机床。它综合应用了数字逻辑控制、检测、自动控制和机床结构设计等各个技术领域的最新技术成就。数控机床由控制介质、数控装置、伺服系统和机床本体等部分组成，其中伺服系统的性能是决定数控机床加工精度和生产率的主要因素之一。

4. 电子计算机控制阶段

1971 年，Intel 公司设计了世界上第一个微处理器芯片 Intel 4004，并以它为核心组成了世界上第一台微型计算机 MCS-4，开创了计算机应用的新时代。专门为工业控制而设计的单片机也在不久后诞生。

单片机又称单片微控制器，一块芯片就是一台计算机。它体积小，质量轻，价格便宜，软件可修改，为应用和开发提供了便利条件。利用单片机可以实现柔性控制、通信技术、多目标控制、仿真与智能控制等功能。

单片机虽然具有强大的功能，但是它的价格却不高(一般在 10 元以内)。低廉的价格和强大的功能为单片机在电气控制领域内的应用创造了条件。目前，单片机的使用领域已十分广泛，如智能仪表、实时工控、通信设备、导航系统、家用电器等。

随着大规模集成电路和微处理器技术的发展及应用，电气控制技术也发生了根本性的变化。在 20 世纪 70 年代，人们将计算机存储技术引入顺序控制器，产生了新型工业控制器——可编程逻辑控制器(Programmable Logic Controller，PLC，简称可编程控制器)，它兼备计算机控制和继电器控制系统两方面的优点，故目前在世界各国已作为一种标准化通用电器普遍应用于工业自动控制领域。

可编程控制器技术以硬接线的继电器-接触器控制为基础，逐步发展为既有逻辑控制、计时、计数，又有运算、数据处理、模拟量调节、联网通信等功能的控制装置。它可通过数字量或模拟量的输入、输出满足各种类型设备控制的需要。可编程控制器及有关外部设备，均按既易于与工业控制系统组成一个整体，又易于扩充其功能的原则设计。可编程控制器已成为生产机械设备中开关量控制的主要电气控制装置。

PLC 是利用单片机技术，模仿继电器的控制原理发展起来的。20 世纪 70 年代的 PLC 只有开关量逻辑控制。它用来存储执行逻辑运算、顺序控制、定时、计数和运算等操作的指令，并通过数字输入和输出操作，来控制各类机械或生产过程。用户编制的控制程序表达了生产过程的工艺要求，并事先存入 PLC 的用户程序存储器中。运行时按存储程序的内容逐条执行，来完成工艺流程要求的操作。PLC 的 CPU 内有指示程序存储地址的程序计数器，在程序运行过程中，每执行一步该计数器自动加 1，程序从起始步(步序号为零)起依次执行到最终步(通常为 END 指令)，再返回起始步循环运算。PLC 每完成一次循环操作所需的时间称为一个扫描周期。

通用 PLC 应用于专用设备时，可以认为它就是一个嵌入式控制器，但 PLC 相对一般嵌入式控制器而言具有更高的可靠性和更好的稳定性。PLC 作为离散控制的首选产品，以微处理器为核心，通过软件手段实现各种控制功能。它具有通用性强，可靠性高，能适应恶劣的工业环境，指令系统简单，编程简便易学、易于掌握，体积小，维修工作少，现场连接安装方便等一系列优点，正逐步取代传统的继电器控制系统，广泛应用于各个行业。

1.2　常用低压电器

低压电器是实现电气控制线路的基本器件，是一种能根据外界的信号和要求，手动或自动地接通、断开电路，以实现对电路或非电对象的切换、控制、保护、检测、变换和调节的元件或设备。可按电器工作电压的高低，以交流 1200 V、直流 1500 V 为界，划分为高压控制电器和低压控制电器两大类；按电器的动作性质可分为手动电器和自动电器；按电器的性能和用途可分为控制电器和保护电器；按有无触点可分为有触点电器和无触点电器；按电器的工作原理又可分为电磁式控制电器和非电磁式控制电器。在工业、农业、交通、国防以及人们的日常生活中，大多数时候采用低压供电，因此低压电器被大量使用。低压电器的种类也特别繁多，产品结构各式各样，生产厂家众多。目前，比较知名的国外低压电器生产厂商有西门子公司(德国)、施耐德公司(法国)、OMRON 公司(日本)、ABB 公司(瑞士)、通用 GE 电气(美国)等；国内知名的厂商有正泰公司、德力西公司、上海华通企业集团、TCL 工业电器、CNC 长城电器等。下面介绍一些常用的控制系统中的低压电器元件。

1.2.1　开关

开关(Circuit Breaker)是指可以使电路开路、使电流中断或使其流到其他电路的电子元件，是一种最常见的低压电器。图 1-1 为几种常见的开关外形。在配电和电机保护电路中经常使用的开关种类非常多，如刀开关、隔离开关、负荷开关、转换开关、组合开关、断路器等。在 PLC 自动控制电路中，使用最多的是断路器。断路器的图形及文字符号如图 1-2 所示。

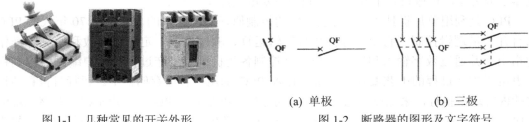

图 1-1　几种常见的开关外形　　　　　　　(a) 单极　　　　　　(b) 三极

图 1-2　断路器的图形及文字符号

1.2.2　接触器

接触器(Contactor)是指利用通电线圈产生磁场，使触点闭合来控制负载的电器。接触器分为交流接触器和直流接触器，它应用于电力、配电与用电场合，经常安装在电动机的控制回路中，也可用于控制工厂设备、电热器、工作母机和各种电力机组等电力负载。接触器不仅能接通和切断电路，而且还具有低电压释放保护作用。接触器控制容量大，适用于频繁操作和远距离控制，最高操作频率可达每分钟 20 次，是自动控制系统中的重要元件。

在工业电气中，接触器的型号很多，工作电流为 5～1000 A，其用途相当广泛。如图 1-3 所示为部分接触器的外形。

图 1-3　部分接触器外形

接触器的工作原理是：接触器线圈通电后，线圈电流会产生磁场，使静铁芯产生电磁吸力吸引动铁芯，并带动接触器触点动作，常闭触点断开，常开触点闭合；当线圈断电时，电磁吸力消失，衔铁在释放弹簧的作用下释放，使触点复原，常开触点断开，常闭触点闭合。接触器一般利用主触点来控制电路，用辅助触点来导通控制回路。主触点一般是常开触点，而辅助触点有常开触点和常闭触点。小型的接触器也经常作为中间继电器配合主电路使用。

空气式电磁接触器(Magnetic Contactor)主要由接点系统、电磁操动系统、支架、辅助接点和外壳(或底架)组成。因为交流电磁接触器的线圈一般采用交流电源供电，在接触器激磁之后，通常会有一声高分贝的"咯"的噪声，这也是电磁式接触器的特色。

20 世纪 80 年代后，各国研究交流接触器电磁铁的无声和节电问题，基本的可行方案之一是将交流电源用变压器降压后，再经内部整流器转变成直流电源供电，但这种复杂的控制方式并不多见。

真空接触器是接点系统采用真空灭弧室的接触器。真空灭弧室的外壳用玻璃或陶瓷等绝缘材料制成，内部的真空度通常在 0.01 Pa 以上。由于壳内的空气少，触点开距可以做得很小，电弧也较容易被熄灭。触点材料一般用铜、锑、锇等合金制成。灭弧室内屏蔽罩的作用是：当分断电流时，凝结触点间隙中扩散出来的金属蒸气，有助于熄弧，还可以防止金属蒸气溅落到绝缘外壳上降低其绝缘强度。动触点与外壳下端用波纹管连接，动触点可以上下运动又不会漏气。

半导体接触器是一种通过改变电路回路的导通状态和断路状态来完成电流操作的接触器。

永磁交流接触器是利用磁极的同性相斥、异性相吸的原理，用永磁驱动机构取代传统的电磁铁驱动机构而形成的一种微功耗接触器。

图 1-4 所示为接触器图形及文字符号。

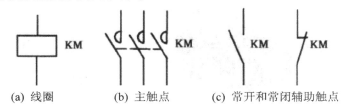

(a) 线圈　　　　　(b) 主触点　　　　(c) 常开和常闭辅助触点

图 1-4　接触器图形和文字符号

1.2.3　继电器

最早的继电器(Relay)是一种利用电磁铁在通电和断电时磁力产生和消失的现象，来控制另一高电压、高电流电路开合的低压电器。它的出现使得电路的远程控制和保护等工作得以顺利进行。继电器是人类科技史上的一项伟大发明创造，它不仅是电气工程的基础，也是电子技术、微电子技术的重要基础。

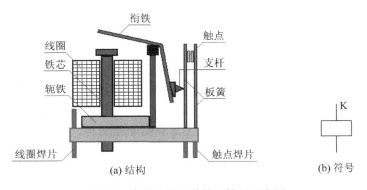

(a) 结构　　　　　　　　　　　　　　　　　　(b) 符号

图 1-5　电磁继电器结构及符号示意图

继电器按工作原理或结构特征分为以下几类：

(1) 电磁继电器：利用输入电路内电流在电磁铁铁芯与衔铁间产生的吸力作用而工作的一种电气继电器。其结构及符号如图 1-5 所示。

(2) 固体继电器：由无机械运动构件的电子元件构成的、输入和输出隔离的一种继电器。

(3) 温度继电器：当外界温度达到设定值时才动作的继电器。

(4) 舌簧继电器：利用密封在管内、具有触点簧片和衔铁磁路双重作用的舌簧动作来开、闭或转换线路的继电器。

(5) 时间继电器：当加上或除去输入信号时，输出部分需延时或限时到规定时间才闭合或断开其被控线路的继电器。

(6) 高频继电器：用于切换高频、射频线路而具有最小损耗的继电器。

(7) 极化继电器：由极化磁场与控制电流通过控制线圈所产生的磁场综合作用而动作的继电器。继电器的动作方向取决于控制线圈中流过的电流方向。

(8) 其他类型的继电器，如光继电器、声继电器、热继电器、仪表式继电器、霍尔效应继电器、差动继电器等。

由于继电器形式很多，其体积和外形也各不相同。图 1-6 所示为几种继电器的外形。

图 1-6　几种继电器外形

1.2.4　熔断器

熔断器(Fuse)是指当电流超过规定值时，以本身产生的热量使熔体熔断，断开电路的一种电器。熔断器广泛应用于高低压配电系统和控制系统以及用电设备中，作为短路和过电流的保护器，是应用最普遍的保护器件之一。

常见熔断器有以下种类：

(1) 插入式熔断器：常用于 380 V 及以下电压等级的线路末端，作为配电支线或电气设备的短路保护用。

(2) 螺旋式熔断器：熔体的上端盖有一熔断指示器，一旦熔体熔断，指示器马上弹出，可透过瓷帽上的玻璃孔观察到。它常用于机床电气控制设备中。螺旋式熔断器的分断电流较大，可用于电压等级 500 V 及其以下、电流等级 200 A 以下的电路中，作短路保护。

(3) 封闭式熔断器：分有填料熔断器和无填料熔断器两种。有填料熔断器一般采用方形瓷管，内装石英砂及熔体，分断能力强，用于电压等级 500 V 以下、电流等级 1 kA 以下的电路中。无填料熔断器将熔体装入密闭式圆筒中，分断能力稍小，用于 500 V 以下、600 A 以下电力网或配电设备中。

(4) 快速熔断器：主要用于半导体整流元件或整流装置的短路保护。由于半导体元件的过载能力很低，只能在极短时间内承受较大的过载电流，因此要求短路保护具有快速熔断的能力。快速熔断器的结构和有填料封闭式熔断器基本相同，但熔体材料和形状不同，它的熔体是用银片冲制的有 V 形深槽的变截面熔体。

(5) 自复熔断器：采用金属钠作熔体，在常温下具有高电导率。当电路发生短路故障时，短路电流产生高温使钠迅速汽化，汽态钠呈现高阻态，从而限制了短路电流，当短路电流消失后，温度下降，金属钠恢复原来的良好导电性能。自复熔断器只能限制短路电流，不能真正分断电路。其优点是不必更换熔体，能重复使用。

熔断器的外形、图形符号、文字符号如图 1-7 所示。

图 1-7　熔断器外形及图形、文字符号

1.2.5　主令开关

主令开关主要用于闭合、断开控制线路，以发布命令或进行程序控制，实现对电力传动和生产机械的控制。因此，它是人机联系和对话所必不可少的一种元件。由于它专门发送命令或信号，故称为主令电器，也称主令开关，主要类型有按钮开关、位置开关、万能转换开关、主令控制器和其他主令开关，如接近开关、脚踏开关、十字开关、信号灯等。

1. 按钮开关

按钮开关又称控制按钮(Switch Button)，是一种手动且一般可以自动复位的低压电器。按钮通常用于在电路中发出启动或停止指令，以控制电磁启动器、接触器、继电器等电器线圈电流的接通和断开。

按钮开关是一种按下即动作，释放即复位的用来接通和分断小电流电路的电器。它一般用于交直流电压 440 V 以下、电流小于 5 A 的控制电路中，一般不直接操纵主电路，也可以用于互联电路中。

在实际的使用中，为了防止误操作，通常在按钮上做出不同的标记或涂以不同的颜色加以区分，其颜色有红、黄、蓝、白、黑、绿等。一般红色表示"停止"或"危险"情况下的操作；绿色表示"启动"或"接通"。急停按钮必须用红色蘑菇头按钮。按钮必须有金属的防护挡圈，且挡圈要高于按钮帽，以防止意外触动按钮而产生误动作。安装按钮的按钮板和按钮盒的材料必须是金属的并与机械的总接地母线相连。按钮实物如图 1-8 所示，其原理如图 1-9 所示，其图形符号、文字符号如图 1-10 所示。

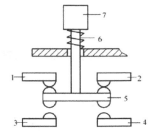

1、2—常闭触头　3、4—常开触头
5—桥式触头　6—复位弹簧　7—按钮帽

图 1-8　按钮实物图　　　　　　　图 1-9　按钮结构图

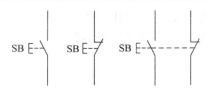

图 1-10　按钮的图形及文字符号

2. 行程开关

行程开关(Travel Switch)是位置开关(又称限位开关)的一种,是一种常用的小电流主令电器。它利用生产机械运动部件的碰撞使其触头动作来实现接通或分断控制电路,达到一定的控制目的。在实际生产中,将行程开关安装在预先安排的位置,当装于生产机械运动部件上的模块撞击行程开关时,行程开关的触点动作,实现电路的切换。它的作用原理与按钮类似。通常这类开关被用来限制机械运动的位置或行程,使运动机械按一定位置或行程自动停止、反向运动、变速运动或自动往返运动等。图 1-11 为部分行程开关外形。

图 1-11　部分行程开关外形

行程开关广泛用于各类机床和起重机械,用于控制其行程,进行终端限位保护。在电梯的控制电路中,还利用行程开关来控制开关轿门的速度,自动开关门的限位,轿厢的上、下限位保护。行程开关的图形及文字符号如图 1-12 所示。

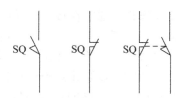

动合触点　　动断触点　　复合触点

图 1-12　行程开关的图形及文字符号

1.3　电气控制线路的绘图规则

1. 图形符号和文字符号

为了便于交流与沟通,我国参照国际委员会(IEC)颁布的有关文件,制定了电气设备的有关国家标准,颁布了 GB/T18135—2008《电气工程 CAD 制图规则》、GB/T6988—2008《电气技术用文件的编制》、GB/T4728—2018《电气简图用图形符号》、GB/T22371—2013《电气设备用图形符号》及其他相关标准,从标准颁布之日起,电气图中的图形符号和文字符号必须符合最新的国家标准。

1) 图形符号

设备的图形符号由符号要素、限定符号、一般符号以及常用的非电操作控制的动作符号(如机械控制符号等)根据不同的具体器件情况组合构成。

2) 文字符号

用基本文字符号(单字母符号和双字母符号)表示电气设备、装置和大类,如 K 表示继电器类元件大类;双字母符号由一个表示大类的单字母与另一表示器件某些特性的字母组成,例如 KA 表示继电器类元件中的中间继电器。

2. 绘制电气控制线路原理图的原则

1) 电路绘制

电气控制线路原理图一般分为主电路、控制电路、信号电路及照明电路等。电气控制线路原理图绘制示意图如图 1-13 所示。

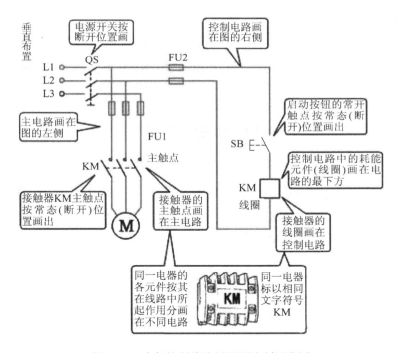

图 1-13　电气控制线路原理图绘制示意图

原理图可水平布置,也可垂直布置。水平布置时,电源电路垂直画,其他电路水平画,控制电路中的耗能元件(如合断电器的线圈、信号灯、照明灯等)要画在电路的最右方。垂直布置时,电源电路水平画,其他电路垂直画,控制电路中的耗能元件要画在电路的最下方。

电源电路画成水平线,三相交流电源相序 L1、L2、L3 由上而下排列,中线 N 和保护地线 PE 画在相线之下。直流电源则正端在上,负端在下画出。

主电路是指受电的动力装置及保护电器,它通过的是工作电流,且电流较大。主电路要垂直于电源电路画在原理图的左侧。控制电路是指控制主电路工作状态的电路。信号电路是指显示主电路工作状态的电路。照明电路是指实现机床设备局部照明的电路。这些电路通过的电流都较小，画原理图时，控制电路、信号电路、照明电路要依次垂直画在电路的右侧。

2）元器件绘制

(1) 原理图中，各电器的触点位置都按电路未通电或电器未受外力作用时的常态位置画出。

(2) 原理图中，各电器元件不画实际的外形图，而采用国家规定的统一国标符号画出。

(3) 原理图中，同一电器的各元件不按它们的实际位置画在一起，而是按其在线路中所起作用分画在不同电路中，但它们的动作却是相互关联的，必须标以相同的文字符号。

3）元器件布置图

元器件布置图用于表明机械设备上所有电气设备和电气元件的实际位置，是电气控制设备制造、安装和维修必不可少的技术文件。

4）接线图

接线图主要用于安装接线、线路检查、线路维修和故障处理。它表示了设备电控系统中各单元和各元器件间的接线关系，并标注出所需数据，如接线端子号、连接导线参数等。实际应用中接线图通常和位置图一起使用。

复 习 思 考 题

1.1 什么是电气控制系统？

1.2 叙述电气控制技术的发展阶段。

1.3 元件的继电特性是指什么？

1.4 继电控制系统的优缺点是什么？

1.5 接触器的工作原理是什么？

1.6 继电器的种类有哪些？

1.7 常见的熔断器的种类有哪些？

第 2 章　基本继电控制电路

2.1　电机的点动控制电路

电动机在各领域的应用极其广泛,许多电动机在电网的允许下可以直接启动。要启动一个电动机,最简单的办法就是用一个刀开关。当刀开关合上时电动机就运转,刀开关断开时电动机就停止。随着工业生产技术的发展,这种简单粗犷的控制方法很不安全,也不能实现自动控制,因此在现在的工业生产中,越来越多地使用继电器控制电路。

在设备控制中,常常需要电动机处于短时重复工作状态,如机床工作台的快速移动、电梯检修、电动葫芦的操作等,均需按操作者的意图实现灵活控制,即让电动机运行多久就运行多久,能够完成这个要求的控制称为点动控制。

图 2-1 为最简单的点动控制电路,此电路由按钮和接触器构成。当按下启动按钮 SB 时,接触器 KM 线圈通电,主动合触点闭合,电动机启动运转。当按 SB 的手抬起时,KM 线圈失电,接触器衔铁在弹簧的作用下复位,使主动合触点断开,电动机停止运转。此电路在电动葫芦的操作、机床刀架、横梁、立柱等快速移动场合中得到广泛应用。

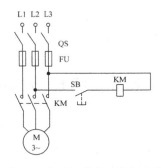

图 2-1　电动机的点动控制电路

2.2　电机的长动控制电路

在生产实践中,有时不仅要进行点动控制,更多的是需要长动控制,即按下启动按钮,手抬起后,电动机要保持持续运转而不关闭。这些电路一般会使用启动按钮和停止按钮来控制电动机。图 2-2 为电动机单向旋转的长动控制电路图。要想做到使电动机保持长动,就需要使用接触器上的辅助常开触点,将此触点并联在启动按钮 SB1 上。在合上刀开关

QS 后，按下 SB1 使接触器得电，随着接触器主触点的闭合，其常开辅助触点也随之闭合；当断开 SB1 时，因电流可以通过此触点而使接触器主触点继续吸合，使电路保持原来状态，故称此电路为自锁电路。

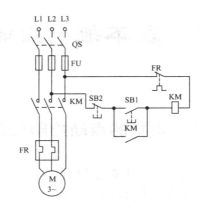

图 2-2　单向旋转的长动控制电路

在图 2-2 所示的控制电路中，还存在着三重电路保护措施，这些保护措施能使电动机安全工作。

(1) 短路保护：电路中用熔断器 FU 作短路保护。当出现短路故障时，熔断器在大电流的作用下熔断，电动机停止。在安装时注意将熔断器靠近电源，即刀开关下边，以扩大保护范围。

(2) 过载保护：用热继电器 FR 作电动机的长期过载保护。出现过载时，双金属片受热弯曲而使其动断触点断开，KM 失电释放，电动机停止。因热继电器不属于瞬时动作的电器，故在电动机启动时不动作。

(3) 失(欠)压保护：由自动复位按钮和自锁触点共同完成。当失(欠)压时，KM 释放，电动机停止，一旦电压恢复，电动机不会自行启动，防止发生人身和设备事故。

2.3　既能点动又能长动的控制电路

能够实现既能点动又能长动控制功能的电路很多，这里仅介绍采用复合式按钮(这里称为点动按钮)构成的电路，如图 2-3 所示。需要点动时，按点动按钮 SB2，KM 接通，电动机启动；当手抬起时，KM 失电释放，电动机停止。需要长期工作时，按下启动按钮 SB1，停止时按下停止按钮 SB3 即可。

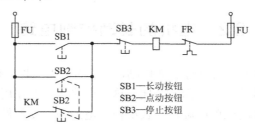

图 2-3　既能点动又能长动的控制电路

此电路同时也使用 FU 进行短路保护和使用 FR 进行过载保护，使电动机能安全工作。

2.4　可逆旋转控制电路

在工程中需要电动机正反转的设备很多，如电梯、桥式起重机等。由电动机原理可知，要实现电动机的正反转的目的，只要将电动机的任意两根线对调即可。

要使电动机可逆旋转，可用两只接触器的主触点把主电路的任意两相对换，再用两只启动按钮控制两只接触器通电，用一只停止按钮控制接触器失电；同时要考虑两只接触器不能同时通电，以免造成电源间短路，为此采用动断触点加在对应的电路中，称为互锁触点；其他的与单向旋转电路相同，如图 2-4 所示。

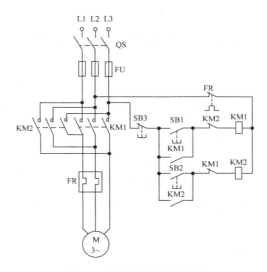

图 2-4　可逆旋转控制电路

工作时，合上刀开关 QS，将电源引入。以电机正转为例，按下正向按钮 SB1，正向接触器 KM1 线圈通电，其主动合触点闭合，使电机正向运转，同时自锁触点闭合形成自锁。KM1 得电时，其动断触点即互锁触点断开，切断了反转通路，防止误按反向启动按钮而造成电源短路现象。这种利用主触点和辅助触点互相制约工作状态的方法形成一个基本控制环节——互锁环节。

如果想反转，先按下停止按钮 SB3，使 KM1 线圈失电释放，电动机停止，然后再按下反向启动按钮 SB2，电动机才能反转。

由此可见，以上电路的工作流程是正转→停止→反转→停止→正转→…的过程。由于正反转的变换必须停止后才能进行，所以非生产时间多，效率低。为了缩短辅助时间，采用复合式按钮控制，可以从正转直接过渡到反转，反转到正转的变化也可以直接进行，并且此电路实现了双互锁，即接触器触点的电气互锁和控制按钮的机械互锁，使电路的可靠性得到了提高。该电路如图 2-5 所示。电路的工作原理与图 2-4 类似。

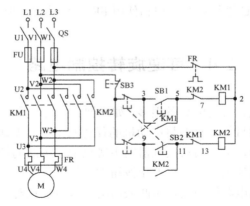

图 2-5　采用复合式按钮的正反转控制电路

2.5　自动循环控制电路

在实践中，常有按行程进行往返控制的要求，如混凝土搅拌机的提升与降位、磨床工作台的往复磨削运动、龙门刨床工作台的自动往复等，这些控制的实质就是电动机的正转与反转控制。

如果运动部件需在两个方向上往返运动，拖动它的电动机应能正反转，而能实现自动往返就要用到行程开关作为检测元件。图 2-6(a)为自动往返控制电路图，其中的限位开关安装位置如图 2-6(b)所示。行程开关 SQ1 的动断触点串接在正转控制电路中，把另一个行程开关 SQ2 的动断触点串接在反转控制电路中，而 SQ3、SQ4 用于两个方向的终点限位保护。

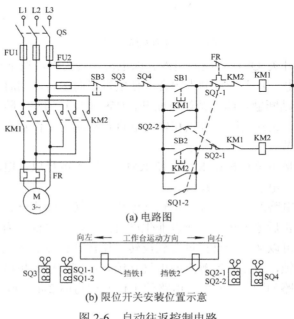

(a) 电路图

(b) 限位开关安装位置示意

图 2-6　自动往返控制电路

　　工作时，合上电源开关 QS，按下正向启动按钮 SB1 时，正向接触器 KM1 线圈通电，其触点动作，主动合触点闭合，使电动机正向运转并带动往返运动的部件向左移动。当左移到设定位置时，运动部件上安装的撞块(挡铁)碰撞左侧安装的限位开关 SQ1，使它的动断触点断开，动合触点闭合，KM1 失电释放，反向接触器 KM2 线圈通电，其触点动作，电动机反转并带动运动部件向右移动。当移动到设定位置时，撞块碰撞右侧安装的限位开关 SQ2，触点动作，使 KM2 失电释放，KM1 又一次重新通电，部件又左移。如此这般自动往返运动，直到按下停止按钮 SB3 为止。一旦 SQ1 和 SQ2 发生故障，可通过 SQ3 和 SQ4 做终端保护。

2.6　星形-三角形(Y-△)降压启动控制电路

　　电动机采用全电压直接启动时，控制电路简单，维护方便。但是，并不是所有的电动机在任何情况下都可以采用全电压启动。这是因为在电源变压器容量不是足够大时，异步电动机的启动电流较大，致使变压器二次电压大幅度下降，这样不但会减小电动机本身的启动转矩，拖长启动时间，甚至使电动机无法启动，同时还影响同一供电网络中其他设备的正常工作。

　　为此，需利用启动设备将电源电压适当降低后加到电动机定子绕组上启动，以减小启动电流，当电动机转速上升到一定值后，再变换成额定电压运行，使电动机达到额定的转速和输出额定功率，这种方法称为电动机的降压启动。电动机降压启动的方法很多，常用的有定子绕组串电阻(电抗)降压启动、自耦变压器降压启动、星形-三角形(Y-△)降压启动、延边三角形降压启动等。尽管方法不同，但其目的都是为了限制启动电流，减小供电网络因电动机启动所造成的电压降。一般降低电压后的启动电流为电动机额定电流的 2～3 倍。

　　星形-三角形(Y-△)降压启动是较为常用的启动方法。所谓星形-三角形(Y-△)降压启动，是指启动时，先把三相鼠笼式异步电动机定子三相绕组做成星形(Y)接法，等电动机转速升高到一定值后再改成三角形(△)连接。因此，这种降压启动方法只能用于正常运行时作三角形接法的电动机上。其连接线路图如图 2-7 所示。

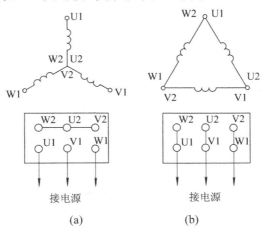

(a)　　　　　　　　　　(b)

图 2-7　星形(Y)接法与三角形(△)接法示意图

　　启动时将电动机定子三相绕组的末端 U2、V2、W2 连成一个公共点，三相电源 L1、L2、L3 分别接电动机定子三相绕组的首端 U1、V1、W1 供电。电动机以星形接法启动，加在每相定子绕组上的电压为电源线电压开平方后的三分之一(约 57.7%)，启动电流为直接启动的三分之一，启动转矩也同样减小到直接启动的三分之一。因此，启动电流较小。所以，这种方式只能工作在空载或轻载启动的场合。当电动机定子为三角形接法时，加在电动机定子每相绕组上的电压即为线电压，电动机全压正常运行。采用 Y-△降压启动的优点是所需设备简单、成本低，因而获得了较为广泛的应用。此法只能用于启动正常运行时为三角形接法的电动机。比如，功率在 4 kW 及以上，正常运行时为三角形接法的三相鼠笼异步电动机可采用此法启动。Y-△启动，实际上是以牺牲功率为代价来换取较低的启动电流，所以是否采用 Y-△启动，除了要考虑电动机功率的大小，还要看是什么样的负载。一般在启动时负载轻、运行时负载重的情况下可优先考虑采用 Y-△启动。图 2-8 所示的就是一种采用时间继电器自动控制的 Y-△降压启动的电路图。

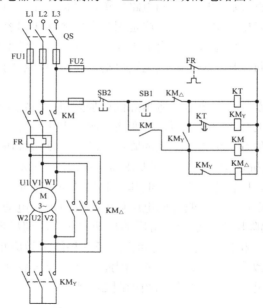

图 2-8　采用时间继电器自动控制的 Y-△降压启动电路

　　启动时，合上刀开关 QS，按下启动按钮 SB1，接触器 KM$_Y$ 和时间继电器 KT 的线圈同时通电，KM$_Y$ 的主触点闭合，使电动机为星形连接，KM$_Y$ 的辅助动合触点闭合，使启动接触器 KM 线圈通电，于是电动机在星形连接下降压启动。待启动结束，KT 的触点延时打开，使 KM$_Y$ 失电释放，并使接触器 KM$_△$ 线圈通电，其主触点闭合，将电动机接成三角形接法，这时电动机在三角形连接下全电压稳定运行，同时 KM$_△$ 的动合触点得电时 KT 和 KM$_Y$ 的线圈均失电。停机时按下停止按钮 SB2 即可。

复习思考题

2.1　自锁电路的工作原理是什么？

2.2　如何能实现电动机的可逆旋转控制？

2.3　电动机为何要使用降压启动？

2.4　常用电动机的降压启动方法有哪些？

2.5　试绘制电动机的点动控制电路图。

2.6　试绘制电动机的单向旋转长动控制电路图。

2.7　试绘制电动机的 Y-△ 控制电路图。

第 3 章　可编程控制器基础

3.1　可编程控制器的产生和发展

在 20 世纪 60 年代，汽车生产流水线的自动控制系统基本上都是由继电器控制装置构成的。当时汽车的每一次改型都直接导致继电器控制装置的重新设计和安装。随着生产的发展，汽车型号更新的周期愈来愈短，继电器控制装置就需要经常地重新设计和安装，十分费时、费工、费料，甚至阻碍了更新周期的缩短。为了改变这一现状，美国通用汽车公司在 1969 年公开招标，要求用新的控制装置取代继电器控制装置，并提出了十项招标指标。即：

(1) 编程方便，现场可修改程序；

(2) 维修方便，采用模块化结构；

(3) 可靠性高于继电器控制装置；

(4) 体积小于继电器控制装置；

(5) 数据可直接送入管理计算机；

(6) 成本可与继电器控制装置竞争；

(7) 输入可以是交流 115 V；

(8) 输出为交流 115 V、2 A 以上，能直接驱动电磁阀、接触器等；

(9) 在扩展时，原系统只要很小变更；

(10) 用户程序存储器容量至少能扩展到 4 KB。

1969 年，美国数字设备公司(DEC)研制出第一台可编程控制器(PLC)，在美国通用汽车自动装配线上试用，获得了成功。这种新型的工业控制装置以其简单易懂，操作方便，可靠性高，通用灵活，体积小，使用寿命长等一系列优点，很快地在美国其他工业领域推广应用。到 1971 年，已经成功地应用于食品、饮料、冶金、造纸等行业。这一新型工业控制装置的出现，也受到了世界其他国家的高度重视。1971 年，日本从美国引进了这项新技术，很快研制出了日本第一台 PLC。1973 年，西欧国家也研制出它们的第一台 PLC。我国从 1974 年开始研制，于 1977 年开始工业应用。

1985 年，国际电工委员会(IEC)在其标准中对 PLC 定义如下：可编程控制器是一种数字运算的电子操作系统装置，专为工业现场应用而设计，它采用一类可编程序的存储器，用来在其内部存储程序，执行逻辑运算、顺序控制、定时/计数和算术运算等操作的指令，并通过数字式或模拟式的输入和输出，控制各种类型的机械或生产过程。

随着微电子技术和计算机技术的发展，可编程控制器的功能已远远超出逻辑控制、顺序控制的范围，可以进行模拟量控制、位置控制，特别是远程通信功能的实现，易于实现柔性加工和制造系统，因此将其称为可编程控制器(Programmable Controller)，简称 PC，但为了和个人电脑 PC 相区别，仍将其称为 PLC，即 Programmable Logic Controller。

PLC 是基于微计算机技术、自动控制技术、通信技术发展起来的现代工业控制装置。随着技术的发展，PLC 的功能也不断提升，在各领域的生产过程中也得到了越来越广泛的应用，主要应用包括开关逻辑控制、过程控制和运动控制。目前，PLC 在国内外已广泛应用于钢铁、石油、化工、电力、建材、机械制造、汽车、轻纺、交通运输、环保及文化领域等行业。

虽然 PLC 技术已得到长足的发展，但技术的发展是无止境的。PLC 也将在未来的时间内得到各方面的发展，主要表现在以下几个方面：

1) 向高速度、大容量方向发展

为了提高 PLC 的处理能力，要求 PLC 具有更快的响应速度和更大的存储容量。目前，有的 PLC 的扫描速度可达 0.1 ms/千步左右。PLC 的扫描速度已成为很重要的一个性能指标。

在存储容量方面，有的 PLC 最高可达几十兆字节。为了扩大存储容量，有的公司已使用了磁泡存储器或硬盘。

2) 向超大型、超小型两个方向发展

当前中小型 PLC 比较多，为了适应市场的多种需要，今后 PLC 要向多品种方向发展，特别是向超大型和超小型两个方向发展。现已有 I/O 点数达 14 336 点的超大型 PLC，其使用 32 位微处理器，多 CPU 并行工作和大容量存储器，功能强大。

小型 PLC 由整体结构向小型模块化结构发展，使配置更加灵活。为了市场需要已开发了各种简易、经济的超小型微型 PLC，最小配置的 I/O 点数为 8～16 点，以适应单机及小型自动控制的需要，如三菱公司 α 系列 PLC。

3) 大力开发智能模块，加强联网通信能力

为满足各种自动化控制系统的要求，近年来不断开发出许多功能模块，如高速计数模块、温度控制模块、远程 I/O 模块、通信和人机接口模块等。这些带 CPU 和存储器的智能 I/O 模块，既扩展了 PLC 功能，又使用灵活方便，扩大了 PLC 应用范围。

加强 PLC 联网通信的能力，是 PLC 技术进步的潮流。PLC 的联网通信有两类：一类是 PLC 之间联网通信，各 PLC 生产厂家都有自己的专有联网手段；另一类是 PLC 与计算机之间的联网通信，一般 PLC 都有专用通信模块与计算机通信。为了加强联网通信能力，PLC 生产厂家之间也在协商制订通用的通信标准，以构成更大的网络系统，PLC 已成为集散控制系统(DCS)不可缺少的重要组成部分。

4) 增强外部故障的检测与处理能力

统计资料表明，在 PLC 控制系统的故障中，CPU 占 5%，I/O 接口占 15%，输入设备占 45%，输出设备占 30%，线路占 5%。前两项共 20% 的故障属于 PLC 的内部故障，它可通过 PLC 本身的软、硬件实现检测、处理；而其余 80% 的故障属于 PLC 的外部故障。因此，PLC 生产厂家都致力于研制、发展用于检测外部故障的专用智能模块，进一步提高系统的可靠性。

5) 编程语言多样化

在 PLC 系统结构不断发展的同时，PLC 的编程语言越来越丰富，功能也不断提高。除了大多数 PLC 使用的梯形图语言外，为了适应各种控制要求，出现了面向顺序控制的步进编程语言、面向过程控制的流程图语言、与计算机兼容的高级语言(BASIC、C 语言等)等。多种编程语言的并存、互补与发展是 PLC 进步的一种趋势。

3.2　可编程控制器的特点和分类

可编程控制器有如下的特点：

1) 使用灵活、通用性强

PLC 的硬件是标准化的，加之 PLC 的产品已系列化，功能模块品种多，可以灵活组成各种不同大小和不同功能的控制系统。在 PLC 构成的控制系统中，只需在 PLC 的端子上接入相应的输入输出信号，当需要变更控制系统的功能时，可以用编程器在线或离线修改程序，同一个 PLC 装置用于不同的控制对象，只是输入输出组件和应用软件的不同。

2) 可靠性高、抗干扰能力强

微机功能强大但抗干扰能力差，工业现场的电磁干扰，电源波动，机械振动，温度和湿度的变化，都可能导致一般通用微机不能正常工作。传统的继电器-接触器控制系统抗干扰能力强，但由于存在大量的机械触点(易磨损、烧蚀)而寿命短，系统可靠性差。PLC 采用微电子技术，大量的开关动作由无触点的电子存储器件来完成，大部分继电器和繁杂连线被程序所取代，故寿命长，可靠性大大提高。从实际使用情况来看，PLC 控制系统的平均无故障时间一般可达 4～5 万小时。PLC 采取了一系列硬件和软件抗干扰措施，能适应有各种强烈干扰的工业现场，并具有故障自诊断能力。如一般 PLC 能抗 1000 V、1 ms 脉冲的干扰，其工作环境温度为 0～60℃，无需强迫风冷。

3) 接口简单、维护方便

PLC 的接口按工业控制的要求设计，有较强的带负载能力(输入输出可直接与交流 220 V、直流 24 V 等强电相连)，接口电路一般亦为模块式，便于维修更换。有的 PLC 甚至可以带电插拔输入输出模块，可不脱机停电而直接更换故障模块，大大缩短了故障修复时间。

4) 体积小、功耗小、性价比高

以小型 PLC(TSX21)为例，它具有 128 个 I/O 接口，可相当于 400～800 个继电器组成的系统的控制功能，其尺寸仅为 216 mm × 127 mm × 110 mm，重 2.3 kg，不带接口的空载功耗为 1.2 W，其成本仅相当于同功能继电控制系统的 10%～20%。PLC 的输入/输出系统能够直观地反应现场信号的变化状态，还能通过各种方式直观地反映控制系统的运行状态，如内部工作状态、通信状态、I/O 点状态、异常状态和电源状态等。对此均有醒目的指示，非常有利于运行和维护人员对系统进行监视。

5) 编程简单、容易掌握

PLC 是面向用户的设备，PLC 的设计者充分考虑了现场工程技术人员的技能和习惯。

大多数 PLC 的编程均提供了常用的梯形图方式和面向工业控制的简单指令方式。编程语言形象直观，指令少、语法简便，不需要专门的计算机知识和语言知识，具有一定的电工和工艺知识的人员都可在短时间内掌握。利用专用的编程器，可方便地查看、编辑、修改用户程序。

6) 设计、施工、调试周期短

用继电器-接触器控制完成一项控制工程，必须首先按工艺要求画出电气原理图，然后画出继电器屏(柜)的布置和接线图等，进行安装调试，以后修改起来十分不便。采用 PLC 控制，由于其靠软件实现控制，硬件线路非常简洁，为模块化积木式结构，且已商品化，故仅需按性能、容量(输入/输出点数、内存大小)等选用组装，而大量具体的程序编制工作也可在 PLC 到货前进行，因而缩短了设计周期，使设计和施工可同时进行。由于用软件编程取代了硬接线实现控制功能，大大减轻了繁重的安装接线工作，缩短了施工周期。PLC 是通过程序完成控制任务的，采用了方便用户的工业编程语言，且都具有强制和仿真的功能，故程序的设计、修改和调试都很方便，这样可大大缩短设计和投运周期。

PLC 发展至今已经有多种形式，功能也有所不同，一般按以下标准进行分类：

1. 按 I/O 点数及存储器容量分类

一般而言，处理的 I/O 点数比较多，则控制关系比较复杂，用户需要的程序存储器容量比较大，要求 PLC 指令及其他功能比较多，指令执行的过程也比较快等。按 PLC 的输入输出点数可分为如下三类：

(1) 小型 PLC。小型 PLC 的功能一般以开关量控制为主，其输入、输出总点数一般在 256 点以下，用户程序存储器容量在 4 KB 以下。现在的高性能小型 PLC 还具有一定的通信能力和少量的模拟量处理能力。这类 PLC 的特点是价格低廉，体积小巧，适合于控制单台设备，开发机电一体化产品。典型的小型机有西门子公司的 S7-200 系列、Rockwell 公司的 SLC500 系列、OMRON 公司的 CPM2A 系列、三菱公司的 FX 系列等产品。图 3-1 为其中的部分产品。

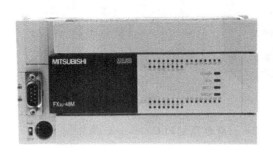

图 3-1　三菱 FX 系列 PLC 与西门子 S7-200 系列 PLC

(2) 中型 PLC。中型 PLC 的输入、输出总点数在 256～1024 点之间，用户程序存储器的容量大于 8 KB。中型 PLC 具有更强的模拟量处理能力、数字计算能力和通信能力。中型机的指令比小型机更丰富，一般适用于复杂的逻辑控制系统以及连续生产过程的控制场合。典型的中型机有西门子的 S7-300 系列、Rockwell 公司的 ControlLogix 系列、OMRON 公司的 C200H 系列等产品。

(3) 大型 PLC。大型 PLC 的 I/O 总点数在 1024 点以上，用户程序存储器容量可达 8～16 MB。大型 PLC 的性能已经与工业控制计算机相当，它具有计算、控制和调节功能，还具有强大的通信联网能力。它可以连接 HMI 作为系统监视或操作界面，能够表示过程的动态流程，记录各种曲线，可配备多种智能模块，构成一个多功能系统。这种系统还可以和其他型号的控制器、上位机相连，组成一个集中分散的生产过程和产品质量控制系统。大型机适用于设备自动化、过程自动化控制和过程监控。典型的大型 PLC 有西门子的 S7-400、OMRON 公司的 CVM1 和 CS1 系列、Rockwell 公司的 ControlLogix 系列等产品。

2. 根据结构形式分类

按结构形式分有如下几类：

(1) 整体式(箱体式)。整体式结构的特点是将 PLC 的基本部件，如 CPU 板、输入板、输出板、电源板等紧凑地安装在一个标准机壳内，构成一个整体，组成 PLC 的一个基本单元(主机)或扩展单元。基本单元上设有扩展端口，通过扩展电缆与扩展单元相连，以构成 PLC 不同的配置。整体式结构的 PLC 体积小，成本低，安装方便。微型和小型 PLC 一般为整体式结构，如三菱 FX 系列 PLC。

(2) 机架模块式。模块式结构的 PLC 是由一些模块单元构成的，这些标准模块如 CPU 模块、输入模块、输出模块、电源模块和各种功能模块等，将这些模块插在框架上或基板上即可。各模块功能是独立的，外形尺寸是统一的，插入什么模块可根据需要灵活配置。目前，中、大型 PLC 多采用这种结构形式，如西门子 S7-300 PLC、三菱 Q 系列 PLC 等。三菱 Q 系列 PLC 如图 3-2 所示。

图 3-2　三菱 Q 系列 PLC

3.3　可编程控制器的基本结构

PLC 的基本结构基本相同，其硬件主要由 CPU 模块、电源模块、存储器和输入/输出接口电路等组成。大部分 PLC 还可以配备特殊功能模块，用来完成某些特殊的任务。

中央处理器单元一般由控制器、运算器和寄存器组成。PLC 基本结构如图 3-3 所示。

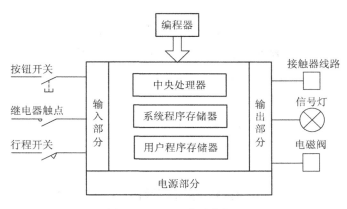

图 3-3 PLC 硬件结构框图

1. CPU 模块

CPU 通过地址总线、数据总线、控制总线与存储单元、输入/输出接口、通信接口、扩展接口相连。CPU 是 PLC 的核心，它不断采集输入信号，执行用户程序，刷新系统输出。

2. 存储器模块

PLC 的存储器包括系统存储器和用户存储器两种。系统存储器用于存放 PLC 的系统程序，用户存储器用于存放 PLC 的用户程序。PLC 一般均采用可电擦除的 E^2PROM 存储器来作为系统存储器和用户存储器。

3. I/O 模块

PLC 的输入接口电路的作用是将按钮、行程开关或传感器等产生的信号输入 CPU；PLC 的输出接口电路的作用是将 CPU 向外输出的信号转换成可以驱动外部执行元件的信号，以便控制接触器线圈等电器的通、断电。PLC 的输入/输出接口电路一般采用光耦合隔离技术，可以有效地保护内部电路。

PLC 的输入接口电路可分为直流输入电路和交流输入电路。直流输入电路的延迟时间比较短，可以直接与接近开关、光电开关等电子输入装置连接。交流输入电路适用于在有油雾、粉尘的恶劣环境下使用。

输出接口电路通常有 3 种类型：继电器输出型、晶体管输出型和晶闸管输出型。

继电器输出型、晶体管输出型和晶闸管输出型的输出电路类似，只是晶体管或晶闸管代替继电器来控制外部负载。三者优缺点见表 3-1。

表 3-1 继电器输出型、晶体管输出型和晶闸管输出型比较

类型	优点	缺点	负载电流	响应时间
继电器输出型	可接交、直流负载，负载额定电流大，电压范围 0～250 V	动作频率低，一般为 1 Hz 左右，不可作为 PWM 输出或高速脉冲输出，寿命短	2 A	10 ms
晶体管输出型	适合高频动作，电压范围 5～30 V	只能接直流负载(DC 30 V 以下)	0.5 A	0.2 ms
晶闸管输出型	适合高频动作,电压范围 100～250 V	只能接交流负载	0.2 A	1 ms

4. 扩展模块

PLC 的扩展接口的作用是将扩展单元和功能模块与基本单元相连，使 PLC 的配置更加灵活，以满足不同控制系统的需要；通信接口的功能是通过这些通信接口可以和监视器、打印机、其他 PLC 或是计算机相连，从而实现人-机或机-机之间的对话。

5. 电源

PLC 一般使用 220 V 交流电源或 24 V 直流电源，内部的开关电源为 PLC 的中央处理器、存储器等电路提供 5 V、12 V、24 V 直流电源，使 PLC 能正常工作。

3.4　可编程控制器的工作原理

PLC 是采用"顺序扫描，不断循环"的方式进行工作的。在 PLC 运行时，CPU 根据用户按控制要求编制好并存于用户存储器中的程序，按指令步序号(或地址号)作周期性循环扫描，如无跳转指令，则从第一条指令开始逐条顺序执行用户程序，直至程序结束。然后重新返回第一条指令，开始下一轮新的扫描。在每次扫描过程中，还要完成对输入信号的采样和对输出状态的刷新等工作。

PLC 的工作过程一般分为三个阶段，即输入采样、用户程序执行和输出刷新三个阶段。完成上述三个阶段称作一个扫描周期，其典型值为 0.5~100 ms。

1) 输入采样阶段

在输入采样阶段，PLC 控制器以扫描方式依次地读入所有输入状态和数据，并将它们存入 I/O 映像区中的相应单元内。输入采样结束后，转入用户程序执行和输出刷新阶段。

2) 用户程序执行阶段

在用户程序执行阶段，PLC 控制器总是按由上而下的顺序依次地扫描用户程序(梯形图)。

3) 输出刷新阶段

扫描用户程序结束后，PLC 控制器就进入输出刷新阶段。在此期间，CPU 按照 I/O 映像区内对应的状态和数据刷新所有的输出锁存电路，再经输出电路驱动相应的外设。

PLC 的工作过程如图 3-4 所示。

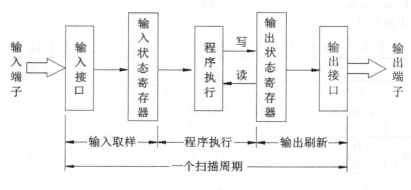

图 3-4　PLC 工作过程

3.5　可编程控制器的常用编程语言

PLC 的用户程序是设计人员根据控制系统的工艺控制要求，通过 PLC 编程语言的编制设计的。根据国际电工委员会制定的工业控制编程语言标准(IEC61131-3)，PLC 的编程语言包括以下五种：梯形图语言(LD)、指令表语言(IL)、功能模块图语言(FBD)、顺序功能流程图语言(SFC)及结构化文本语言(ST)。

1. 梯形图语言(LD)

梯形图语言是 PLC 程序设计中最常用的编程语言，它是与继电器线路类似的一种编程语言。由于电气设计人员对继电器控制较为熟悉，因此，梯形图编程语言得到了广泛的欢迎和应用。

梯形图编程语言的特点是：与电气操作原理图相对应，具有直观性和对应性；与原有继电器控制相一致，电气设计人员易于掌握。

梯形图编程语言与原有的继电器控制的不同点是，梯形图中的能流不是实际意义的电流，内部的继电器也不是实际存在的继电器，应用时需要与原有继电器控制的概念区别对待。图 3-5 为 PLC 经常采用的梯形图。

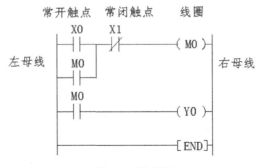

图 3-5　梯形图

2. 指令表语言(IL)

指令表编程语言是与汇编语言类似的一种助记符编程语言，和汇编语言一样由操作码和操作数组成。在无计算机的情况下，适合采用 PLC 手持编程器对用户程序进行编制。同时，指令表编程语言与梯形图编程语言有一一对应关系，在 PLC 编程软件中可以相互转换。图 3-6 就是与图 3-5 的 PLC 梯形图对应的指令表。

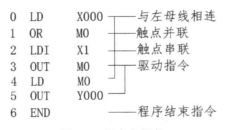

图 3-6　指令表程序

指令表编程语言的特点是：采用助记符来表示操作功能，容易记忆，便于掌握；在手持编程器的键盘上采用助记符表示，便于操作，可在无计算机的场合进行编程设计；与梯形图有一一对应关系，其特点与梯形图语言基本一致。

3. 功能模块图语言(FBD)

功能模块图语言是与数字逻辑电路类似的一种 PLC 编程语言。采用功能模块图的形式来表示模块所具有的功能，不同的功能模块有不同的功能。

功能模块图程序设计语言的特点是：以功能模块为单位，分析理解控制方案简单容易；功能模块是用图形的形式表达功能，直观性强，对于具有数字逻辑电路基础的设计人员很容易掌握编程技巧；对规模大、控制逻辑关系复杂的控制系统，由于功能模块图能够清楚表达功能关系，编程调试时间大大减少。

4. 顺序功能流程图语言(SFC)

顺序功能流程图语言是为了满足顺序逻辑控制而设计的编程语言。编程时将顺序流程动作的过程分成步和转换条件，根据转移条件对控制系统的功能流程顺序进行分配，一步一步地按照顺序动作。每一步代表一个控制功能任务，用方框表示。在方框内含有用于完成相应控制功能任务的梯形图逻辑。这种编程语言使程序结构清晰，易于阅读及维护，大大减轻编程的工作量，缩短编程和调试时间。顺序功能流程图编程语言可用于系统的规模校大、程序关系较复杂的场合。图 3-7 是一个简单的顺序功能流程图的示意图。

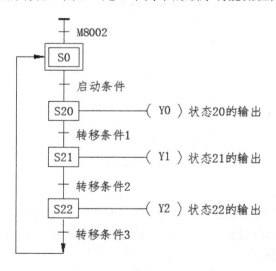

图 3-7　顺序功能流程图

顺序功能流程图编程语言的特点是：以功能为主线，按照功能流程的顺序分配，条理清楚，便于对用户程序理解；避免梯形图或其他语言不能顺序动作的缺陷，同时也避免了用梯形图语言对顺序动作编程时，机械互锁造成用户程序结构复杂、难以理解的缺陷；用户程序扫描时间也大大缩短。

5. 结构化文本语言(ST)

结构化文本语言是用结构化的描述文本来描述程序的一种编程语言。它是类似于高级语言的一种编程语言。在大中型的 PLC 系统中，常采用结构化文本来描述控制系统中各个变量的关系。结构化文本语言主要用于其他编程语言较难实现的用户程序编制。

结构化文本编程语言采用计算机的描述方式来描述系统中各种变量之间的各种运算关系，完成所需的功能或操作。大多数 PLC 制造商采用的结构化文本编程语言与 BASIC 语言、PASCAL 语言或 C 语言等高级语言相类似，但为了应用方便，在语句的表达方法及语句的种类等方面都进行了简化。

结构化文本编程语言的特点是：采用高级语言进行编程，可以完成较复杂的控制运算；需要有一定的计算机高级语言的知识和编程技巧，对工程设计人员要求较高；直观性和操作性较差。

不同型号的 PLC 编程软件对以上五种编程语言的支持种类是不同的，早期的 PLC 仅仅支持梯形图编程语言和指令表编程语言，目前的 PLC 对梯形图、指令表、功能模块图编程语言都可以支持。

在 PLC 控制系统设计中，要求设计人员不但对 PLC 的硬件性能了解，也要了解 PLC 支持的编程语言的种类。

3.6　可编程控制器的应用

PLC 在国内外已广泛应用于钢铁、石油、化工、电力、建材、机械制造、汽车、轻纺、交通运输、环保及文化娱乐等各个行业。使用情况大致可归纳为如下几类：

1. 开关量的逻辑控制

这是 PLC 最基本、最广泛的应用领域，它取代传统的继电器电路，实现逻辑控制、顺序控制，既可用于单台设备的控制，也可用于多机群控及自动化流水线，如注塑机、印刷机、订书机械、组合机床、磨床、包装生产线、电镀流水线等。

2. 模拟量控制

在工业生产过程当中，有许多连续变化的量，如温度、压力、流量、液位和速度等都是模拟量。为了使可编程控制器处理模拟量，必须实现模拟量(Analog)和数字量(Digital)之间的 A/D 转换及 D/A 转换。PLC 厂家都生产配套的 A/D 和 D/A 转换模块，使可编程控制器用于模拟量控制。

3. 运动控制

PLC 可以用于圆周运动或直线运动的控制。从控制机构配置来说，早期直接用于开关量 I/O 模块连接位置传感器和执行机构，现在一般使用专用的运动控制模块，如可驱动步进电机或伺服电机的单轴或多轴位置控制模块。世界上各主要 PLC 厂家的产品几乎都有运动控制功能，广泛用于各种机械、机床、机器人、电梯等场合。

4. 过程控制

过程控制是指对温度、压力、流量等模拟量的闭环控制。作为工业控制计算机，PLC 能编制各种各样的控制算法程序，完成闭环控制。PID 调节是一般闭环控制系统中用得较多的调节方法。大中型 PLC 都有 PID 模块，目前许多小型 PLC 也具有此功能模块。PID 处理一般是运行专用的 PID 子程序。过程控制在冶金、化工、热处理、锅炉控制等领域有非常广泛的应用。

5. 数据处理

现代 PLC 具有数学运算(含矩阵运算、函数运算、逻辑运算)、数据传送、数据转换、排序、查表、位操作等功能，可以完成数据的采集、分析及处理。这些数据可以与存储器中的参考值比较，完成一定的控制操作，也可以利用通信功能传送到别的智能装置，或将它们打印制表。数据处理一般用于大型控制系统，如无人控制的柔性制造系统；也可用于过程控制系统，如造纸、冶金、食品工业中的一些大型控制系统。

6. 通信及联网

PLC 通信含 PLC 间的通信及 PLC 与其他智能设备间的通信。随着计算机控制技术的发展，工厂自动化网络发展得很快，各 PLC 厂商都十分重视 PLC 的通信功能，纷纷推出各自的网络系统。新近生产的 PLC 都具有通信接口，通信非常方便。

复 习 思 考 题

3.1　PLC 具有哪些功能？

3.2　当前 PLC 的发展趋势如何？

3.3　PLC 是如何进行分类的？

3.4　PLC 的基本结构如何？试阐述其基本工作原理。

3.5　PLC 常用的编程语言有哪些？

第 4 章　三菱 FX 系列 PLC 基本知识

4.1　认识三菱 FX 系列 PLC

三菱 FX 系列 PLC 是一款适用面较广的中小型 PLC 产品，能够满足大多数用户的使用要求。它采用可编程的存储器，用于其内部存储程序、执行逻辑运算、顺序控制、定时、计数与算术操作等面向用户的指令，并通过数字或模拟式输入/输出控制各种类型的机械或生产过程。三菱 FX 系列 PLC 的特点是小型化、一体式结构，可控制 I/O 点数相对少，适合简单小型的应用环境，经济又实惠，一块 FX 系列 PLC 就能组建控制回路。三菱 FX 系列 PLC 常用的型号系列有三菱 FX2N 系列、三菱 FX3U 系列、三菱 FX3G 系列、三菱 FX5U系列等。

三菱 FX2N 系列 PLC 被视为是 FX1N 的升级版，是 FX 系列 PLC 家族中较为先进的系列。FX2N 系列 PLC 具备如下特点：最大范围地包容了标准特点，程序执行更快，全面补充了通信功能，适合世界各国不同的电源以及满足单个需要的大量特殊功能模块。其丰富的扩展模块，同时也扩展了 FX 系列的应用范围。

三菱 FX3U 系列 PLC 是第三代微型可编程控制器。它内置高达 64 KB 大容量的 RAM存储器，内置业界最高水平的高速处理功能，基本指令处理速度可达 0.065 μs/指令，能控制规模为 16~384(包括 CC-LINK I/O)点，内置独立 3 轴 100 kHz 定位功能(晶体管输出型)，基本单元左侧均可以连接功能强大、简便易用的适配器。它由基本单元、扩展单元、扩展模块、扩展电源单元、特殊单元、特殊模块、功能扩展板、特殊适配器、存储器盒、显示模块构成。相比 FX 之前的产品而言，基本性能得到大幅提升，扩展性也变得十分强大，被视为三菱 FX2N 系列的升级版。

三菱 FX3G 系列 PLC 内置大容量程序存储器，最高存储容量为 32 K 步，标准模式时基本指令处理速度可达 0.21 μs/指令，加之大幅扩充的软元件数量，使用户可以更加自由地编辑程序并进行数据处理。另外，浮点数运算和中断处理方面，FX3G 同样表现超群。FX3G 系列 PLC 在竞争愈发激烈的当代工业领域，可充分满足不同行业客户系统要求，具有高度灵活性。

三菱 FX5U 系列 PLC 内置模拟量输入/输出功能。FX5U 内置 12 位 2ch 模拟量输入和 1ch 模拟量输出。FX5U 内置 RS485 端口(带 MODBUS 功能)和 Ethernet 端口。在功能上 FX5U 内置 SD 存储卡。SD 卡可以非常方便地进行程序的升级和设备的批量生产，提高工作效率。FX5U 设有 RUN、STOP、RESET 开关，在 FX3U 的基础上新增了 RESET功能。在无需关闭主电源的情况下就可以重新启动，使调试更加高效。高速系统总线、通信速度约为 FX3U 的 150 倍，内置 4 轴脉冲输出。FX3U 最大脉冲输出频率为 100 kp/s (pulse per second，每秒的脉冲数)，内置最多可控制 3 轴。FX5U 最大脉冲输出频率为 200 kp/s，内置最多控制 4 轴。先进的运动控制功能，搭载简易运动控制模块，可轻松实现高度同步控制、凸轮控制、速度扭矩控制。图 4-1 为三菱各型号 PLC 的外形。

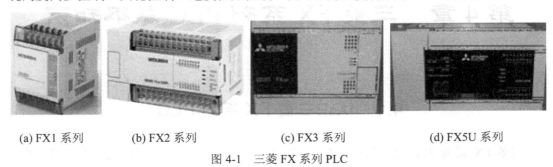

(a) FX1 系列　　(b) FX2 系列　　(c) FX3 系列　　(d) FX5U 系列

图 4-1　三菱 FX 系列 PLC

4.2　三菱 FX 系列 PLC 的命名方法

三菱 FX 系列 PLC 的型号表示如图 4-2 所示，代码表示如下：

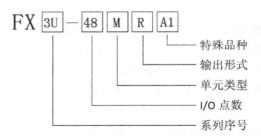

图 4-2　三菱 FX 系列 PLC 型号表示方法

系列序号：代表 PLC 的型号，型号有 0、0S、0N、1S、2、2C、2N、2NC、3SA、3GA、3U、5U 等。

I/O 点数：代表 PLC 输入、输出点数之和。48 表示有 48 个输入、输出点。

单元类型：M 代表基本型；E 代表输入/输出混合扩展单元及扩展模块；EX 代表输入专用扩展模块；EY 代表输出专用扩展模块。

输出形式：R 代表继电器输出；T 代表晶体管输出；S 代表晶闸管输出。

特殊品种：D 代表 DC 电源输入；A1 代表 AC 电源输入；H 代表大电流输出扩展模块；V 代表立式端子排的扩展模块；C 代表接插口输入/输出方法；F 代表输入滤波器 1ms 的扩展模块；L 代表 TTL 输入扩展模块；S 代表独立端子(无公共端)扩展模块。

4.3　三菱 FX 系列 PLC 的结构组成

三菱 FX 系列 PLC 主机面板结构如图 4-3 所示(以 FX3U-32M 为例)。

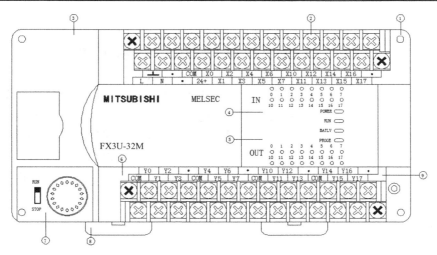

图 4-3 三菱 FX3U 系列 PLC 主机面板结构

图中:

① 4 个安装孔;

② 电源、输入信号用的装卸式端子;

③ 面板盖子;

④ 输入指示灯;

⑤ 输出指示灯;

⑥ 输出信号用的装卸式端子;

⑦ 程序写入口及工作状态切换拨钮;

⑧ 导轨装卸卡子;

⑨ I/O 端子标记。

三菱 FX 系列 PLC 主机(以 FX3U-32M 为例)一般都有外部端子部分、指示部分和接口部分,各部分的组成及功能如下:

(1) 外部端子部分。外部端子包括 PLC 电源端子(L、N、⏚),直流 24 V 电源端子(24+、COM)、输入端子(X)、输出端子(Y)等。主要完成电源、输入信号和输出信号的连接。其中 24+、COM 是 PLC 提供的直流 24 V 电源,用于为传感器提供电源。为了减少接线,其正极在 PLC 内部已经与输入回路连接。当某输入点需要加入输入信号时,只需将 COM 通过输入设备接至对应的输入点,一旦 COM 与对应点接通,该点就为 ON,此时对应输入指示灯就点亮。

(2) 指示部分。指示部分包括各 I/O 点的状态指示、PLC 电源(POWER)指示、PLC 运行(RUN)指示、用户程序存储器后备电池(BATT)状态指示及程序出错(PROG-E)、CPU 出错(CPU-E)指示等,用于反映 I/O 点及 PLC 机器的状态。

(3) 接口指示。接口部分主要包括编程器、扩展单元、扩展模块、特殊模块及存储卡盒等外部设备的接口,其作用是完成基本单元同上述外部设备的连接。在编程器接口旁边,还设置了一个 PLC 运行模式转换开关,它有 RUN 和 STOP 两个运行模式。RUN 模式表示 PLC 正处于运行状态;STOP 模式表示 PLC 处于停止状态,此时,PLC 可进行用户程序的输入、在线编辑等。

4.4　三菱 FX 系列 PLC 的软元件

　　PLC 内部有很多具有不同功能的器件，这些器件是由电子电路和存储器组成的，通常称为软元件。可将各个软元件理解为各个不同功能的内存单元，对这些单元的操作，就是相当于对内存单元的读写。不同厂家、不同系列的 PLC，其内部软继电器(编程元件)的功能和编号也不相同，因此用户在编制程序前，必须熟悉所选用 PLC 的编程元件的名称、功能、编号及使用方法。按其功能不同，可以将它们称为输入继电器、输出继电器、辅助继电器、状态器、指针、定时器、计数器、数据寄存器、变址存储器、常数等。

4.4.1　输入继电器 X

　　输入继电器 X 是 PLC 中专门用来接收系统输入信号的内部虚拟继电器。PLC 内部与输入端子连接的输入继电器 X 是用光电隔离的电子继电器，它有无数的常开触点和常闭触点，这些动合、动断触点可在 PLC 编程时随意使用。这种输入继电器不能用程序驱动，只能由输入信号驱动。FX 系列 PLC 的输入继电器 X 采用八进制编号，例如 X000～X007、X010～X017、X020～X027。输入继电器 X 可以理解为一个开关触点，只要此触点开关的状态发生变化(0 变成 1 或 1 变成 0)，PLC 就可以根据程序的变化做出相应的处理。

4.4.2　输出继电器 Y

　　PLC 的输出端子是向外部负载输出信号的窗口。输出继电器 Y 的线圈由程序控制，输出继电器的外部输出主触点接到 PLC 的输出端子上供外部负载使用，其余常开、常闭触点供内部程序使用。输出继电器的电子常开、常闭触点使用次数不限。各基本单元都是八进制输出，例如 Y000～Y007、Y010～Y017、Y020～Y027 等。它们一般位于机器的下端。驱动外部负载的电源由用户提供。

4.4.3　辅助继电器 M

　　辅助继电器 M 是 PLC 中数量最多的一种继电器，一般的辅助继电器与继电器控制系统中的中间继电器相似。

　　辅助继电器不能直接驱动外部负载，负载只能由输出继电器的外部触点驱动。辅助继电器的常开与常闭触点在 PLC 内部编程时可无限次使用。辅助继电器采用 M 与十进制数共同组成的编号来表示。辅助继电器分为通用辅助继电器、断电保持辅助继电器和特殊辅助继电器。

1. 通用辅助继电器(M0～M499)

　　FX3U 系列共有 500 点通用(一般用)辅助继电器。通用辅助继电器在 PLC 运行时，如果电源突然断电，则全部线圈均 OFF。当电源再次接通时，除了因外部输入信号而变为 ON 的以外，其余的仍将保持 OFF 状态，它们没有断电保护功能。通用辅助继电器常在逻辑运算中用作辅助运算、状态暂存、移位等。

根据需要可通过程序设定，将 M0～M499 变为断电保持辅助继电器。

2. 断电保持辅助继电器(M500～M7679)

FX3U 系列有 M500～M7679 共 7180 点断电保持辅助继电器。它与通用辅助继电器不同的是具有断电保护功能，即能记忆电源中断瞬时的状态，并在重新通电后再现其状态。它之所以能在电源断电时保持其原有的状态，是因为电源中断时用 PLC 中的锂电池保持它们映像寄存器中的内容。其中 M500～M1023 可由软件将其设定为通用辅助继电器。

3. 特殊辅助继电器(M8000～M8511)

PLC 内有大量的特殊辅助继电器，它们都有各自的特殊功能。FX3U 系列中有 512 点特殊辅助继电器，可分成触点型和线圈型两大类：

(1) 触点型：其线圈由 PLC 自动驱动，用户只可使用其触点。例如：

M8000：运行监视器(在 PLC 运行中接通)，M8001 与 M8000 相反逻辑。

M8002：初始脉冲(仅在运行开始时瞬间接通)，M8003 与 M8002 相反逻辑。

M8011、M8012、M8013 和 M8014：分别是产生周期为 10 ms、100 ms、1 s 和 1 min 时钟脉冲的特殊辅助继电器，它们的占空比为 50%，即一个周期内它们的触点接通与周期时间之比为 50%。

M8000、M8002、M8012 的波形图如图 4-4 所示。

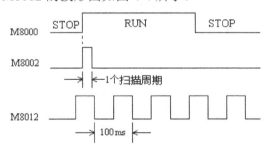

图 4-4　M8000、M8002、M8012 波形图

(2) 线圈型：由用户程序驱动线圈后 PLC 执行特定的动作。例如：

M8033：若使其线圈得电，则 PLC 停止时其输出映像存储器和数据寄存器的值不变。

M8034：若使其线圈得电，则将 PLC 的输出全部禁止。

M8039：若使其线圈得电，则 PLC 按 D8039 中指定的扫描时间工作。

M8040：若使其线圈得电，则 PLC 禁止转移。

M8041：若使其线圈得电，则 PLC 传送开始。

辅助继电器编号及功能见表 4-1。

表 4-1　FX3U 辅助继电器编号及功能

PLC 型号	一般用	停电保持用 (电池保持)	停电保持用 (电池保持)	特殊用
FX3U、FX3UC 可编程控制器	M0～M499 500 点[①]	M500～M1023 524 点[②]	M1024～M7679 6656 点[③]	M8000～M8511 512 点

注：① 非停电保持区域。根据设定的参数，可以更改为停电保持区域。

② 停电保持区域。根据设定的参数，可以更改为非停电保持区域。

③ 不能通过参数进行更改停电保持的特性。

4.4.4 状态器 S

状态器用来记录系统运行中的状态，是编制顺序控制程序的重要编程元件，它与后面章节叙述的步进顺控指令 STL 配合应用。

状态器有四种类型：通用状态器 S0～S499 共 500 点(其中初始状态器 S0～S9 共 10 点)，这些状态器还可以根据设定的参数，更改为停电保持(电池保持)区域；停电保持用状态器 S500～S899 共 400 点，这些状态器也可以根据设定的参数，更改为非停电保持区域；固定停电保持专用状态器 S1000～S4095 共 3096 点，这些状态器不能通过参数进行更改停电保持的特性；供报警用的状态器(可用作外部故障诊断输出)S900～S999 共 100 点。

在使用状态器时应注意：

(1) 状态器与辅助继电器一样有无数的常开和常闭触点；

(2) 状态器不与步进顺控指令 STL 配合使用时，可作为辅助继电器 M 使用；

(3) FX3U 系列 PLC 可通过程序设定将 S0～S499 设置为有断电保持功能的状态器。

状态器编号及功能见表 4-2。

表 4-2　FX3U 状态器编号及功能

PLC 型号	通用	停电保持用 (电池保持)	固定停电保持专用 (电池保持)	信号报警器用
FX3U、FX3UC 可编程控制器	S0～S499 500 点①	S500～S899 400 点②	S1000～S4095 3096 点③	S900～S999 100 点

注：① 非停电保持区域。根据设定的参数，可以更改为停电保持区域。

　　② 停电保持区域。根据设定的参数，可以更改为非停电保持区域。

　　③ 不能通过参数进行更改停电保持的特性。

4.4.5 定时器 T

PLC 中的定时器 T 相当于继电器控制系统中的通电型时间继电器。它可以提供无限对常开常闭延时触点。定时器中有一个设定值寄存器(一个字长)、一个当前值寄存器(一个字长)和一个用来存储其输出触点的映像寄存器(一个二进制位)，这三个量使用同一地址编号，但使用场合不一样，意义也不同。

8 个连续的二进制位组成一个字节(Byte)，16 个连续的二进制位组成一个字(Word)，两个连续的字元件组成一个双字(Double Word)。定时器的当前值和设定值均为有符号字，最高位(第 15 位)为符号位，正数的符号位为 0，负数的符号位为 1。有符号字可以表达的最大正整数为 32767。

FX3U 系列中定时器时可分为通用定时器和累计定时器两种。它们是通过对一定周期的时钟脉冲进行累计而实现定时的，时钟脉冲有周期为 100 ms、10 ms、1 ms 三种，当所计数达到设定值时触点动作。设定值可用常数 K 或数据寄存器 D 的内容来设置。

1. 通用定时器

通用定时器的特点是不具备断电保持功能，即当输入电路断开或停电时定时器复位。通用定时器有脉冲周期为 100 ms、10 ms 和 1 ms 三种。

(1) 100 ms 通用定时器(T0～T199)共 200 点，其中 T192～T199 为子程序和中断服务程序专用定时器。这类定时器是对 100 ms 时钟累计计数，设定值为 1～32767，所以其定时范围为 0.1～3276.7 s。

(2) 10 ms 通用定时器(T200～T245)共 46 点，这类定时器是对 10 ms 时钟累计计数，设定值为 1～32767，所以其定时范围为 0.01～327.67 s。

(3) 1 ms 通用定时器(T256～T511)共 256 点，这是 FX3U 在 FX2N 的基础上新增的定时器，这类定时器是对 1ms 时钟累计计数，设定值为 1～32767，所以其定时范围为 0.001～32.767 s。

下面举例说明通用定时器的工作原理。如图 4-5 所示，当输入 X0 接通时，定时器 T200 从 0 开始对 10 ms 时钟脉冲进行累计计数。当计数值小于设定值 K123 时，定时器的常开触点不动作；当计数值与设定值 K123 相等时，定时器的常开触点接通并输出 Y0，经过的时间为 123×0.01 s = 1.23 s。X0 断开后定时器复位，时钟脉冲计数值变为 0，其常开触点断开，Y0 也随之无输出。若外部电源断电，定时器也将复位。

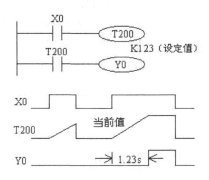

图 4-5　通用定时器工作原理

2. 累计定时器

累计定时器具有计数累计功能(也称积算定时器)。在定时过程中如果断电或定时器线圈 OFF，累计定时器将保持当前的计数值(当前值)，通电或定时器线圈 ON 后继续累计，即其当前值具有保持功能。只有将累计定时器复位，当前值才变为 0。累计定时器有脉冲周期为 1 ms 和 100 ms 两种。

(1) 1 ms 累计定时器(T246～T249)共 4 点，是对 1 ms 时钟脉冲进行累计计数的，设定值为 1～32767，所以其定时的时间范围为 0.001～32.767 s。

(2) 100 ms 累计定时器(T250～T255)共 6 点，是对 100 ms 时钟脉冲进行累计计数的，设定值为 1～32767，所以其定时的时间范围为 0.1～3276.7 s。

累计定时器的工作原理如图 4-6 所示。当 X0 接通时，T250 当前值计数器开始累计 100 ms 的时钟脉冲的个数。X0 经 t0 时间后断开，而 T250 尚未计数到设定值 K414，其计数的当前值保留。当 X0 再次接通，T250 从保留的当前值开始继续累计，经过 t1 时间，当前值达到 K414 时，定时器的触点动作。累计的时间为 t0+t1=0.1×414=41.4 s。累计定时器使用 RST 指令进行复位。当复位输入 X1 接通时，定时器才复位，当前值变为 0，触点也跟随复位。

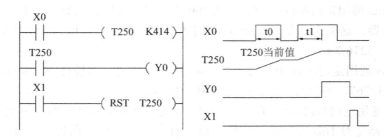

图 4-6　累计定时器的工作原理

　　PLC 在工作过程中一般不宜断电，所以对于通用型定时器，定时器的复位方式通常选用断开驱动条件或用复位指令(RST)进行复位。对于累计型定时器，只能采用复位指令进行复位。

　　定时器编号及功能见表 4-3。

表 4-3　FX3U 定时器编号及功能

PLC 型号	100 ms 通用型 0.1～3276.7 s	10 ms 通用型 0.01～327.67 s	1 ms 累计型 0.001～32.767 s	100 ms 累计型 0.1～3276.7 s	1 ms 通用型 0.001～32.767 s
FX3U、FX3UC 可编程控制器	T0～T199 500 点	T200～T245 46 点	T246～T249 4 点	T250～T255 6 点	T256～T511 256 点

4.4.6　计数器 C

　　FX3U 系列计数器分为内部计数器和高速计数器两类。

1. 内部计数器

　　内部计数器是在执行扫描操作时对内部信号(如 X、Y、M、S、T 等)进行计数。内部输入信号的接通和断开时间应比 PLC 的扫描周期稍长。

　　(1) 16 位增计数器(C0～C199)共 200 点，其中 C0～C99 为通用型，C100～C199 共 100 点为断电保持型(断电保持型即断电后能保持当前值，等通电后继续计数)。这类计数器为递加计数，应用前先对其设置一设定值，当输入信号(上升沿)个数累加到设定值时，计数器触点动作，其常开触点闭合、常闭触点断开。计数器的设定值为 1～32767(16 位二进制)，设定值除了用常数 K 设定外，还可间接通过指定数据寄存器设定。

　　下面举例说明通用型 16 位增计数器的工作原理。如图 4-7 所示，X010 为复位信号，当 X010 为 ON 时 C0 复位。X011 是计数输入，每当 X011 接通一次计数器，当前值增加 1(注意 X010 断开，计数器不会复位)。当计数器计数当前值为设定值 K10 时，计数器 C0 的输出触点动作，Y000 被接通。此后即使输入 X011 再接通，计数器的当前值也保持不变。当复位输入 X010 接通时，执行 RST 复位指令，计数器复位，输出触点也复位，Y000 被断开。

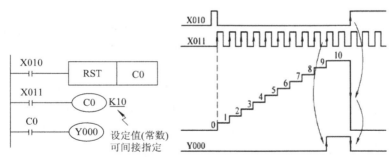

图 4-7　通用型 16 位增计数器

(2) 32 位增/减计数器(C200～C234)共有 35 点 32 位增/减计数器,其中 C200～C219(共 20 点)为通用型,C220～C234(共 15 点)为断电保持型。这类计数器与 16 位增计数器除位数不同外,还在于它能通过控制实现增/减双向计数。设定值范围均为 –214783648～+214783647(32 位)。

C200～C234 是增计数还是减计数,分别由特殊辅助继电器 M8200～M8234 设定。对应的特殊辅助继电器被置为 ON 时为减计数,置为 OFF 时为增计数。

该类计数器的设定值与 16 位计数器一样,可直接用常数 K 或间接用数据寄存器 D 的内容作为设定值。在间接设定时,对 32 位计数器要用编号紧连在一起的两个数据计数器。

如图 4-8 所示,X012 用来控制 M8200,X012 闭合时为减计数方式。X014 为计数输入,C200 的设定值为 5(可正、可负)。设置 C200 为增计数方式(M8200 为 OFF),当 X014 计数输入累加由 4→5 时,计数器的输出触点动作。当前值大于 5 时,计数器仍为 ON 状态。只有当前值由 5→4 时,计数器才变为 OFF。只要当前值小于 4,输出则保持为 OFF 状态。复位输入 X013 接通时,计数器的当前值为 0,输出触点也随之复位。

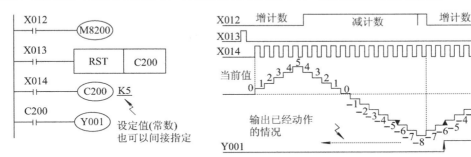

图 4-8　32 位增/减计数器

内部计数器编号及功能见表 4-4。

表 4-4　FX3U 内部计数器编号及功能

PLC 型号	16 位增计数器 1～32767 计数		32 位增/减计数器 –2147483648～+2147483647	
	通用	停电保持用 (电池保持)	通用	停电保持用 (电池保持)
FX3U、FX3UC 可编程控制器	C0～C99 100 点	C100～C199 100 点	C200～C219 20 点	C220～C234 15 点

2. 高速计数器(C235～C255)

高速计数器与内部计数器相比，除允许输入频率高之外，应用也更为灵活，高速计数器均有断电保持功能，通过参数设定也可变成非断电保持。FX3U 有 C235～C255 共 21 点高速计数器。适合用来作为高速计数器输入的 PLC 输入端口有 X0～X7。X0～X7 不能重复使用，即某一个输入端已被某个高速计数器占用，它就不能再用于其他高速计数器。高速计数器可分为三类，即单相单计数输入高速计数器(C235～C245)、单相双计数输入高速计数器(C246～C250)和双相高速计数器(C251～C255)，其触点动作与 32 位增/减计数器相同，可进行增或减计数(取决于 M8235～M8245 的状态)。

需要注意的是，高速计数器的计数频率较高，它们的输入信号的频率受两方面的限制。一是全部高速计数器的处理时间。因为它们采用中断方式，所以计数器用得越少，则计数频率就越高。二是输入端的响应速度，其中 X0、X2、X3 最高频率为 10 kHz，X1、X4、X5 最高频率为 7 kHz。

4.4.7　指针 N、P、I

在 FX 系列中，指针用来指示分支指令的跳转目标和中断程序的入口标号，分为分支用指针、输入中断用指针及定时中断用指针和记数中断用指针。

1. 分支用指针(P0～P127)

FX3U 有 P0～P127 共 128 点分支用指针。分支用指针用来指示跳转指令(CJ)的跳转目标或子程序调用指令(CALL)调用子程序的入口地址。

如图 4-9 所示，当 X1 常开触点接通时，执行跳转指令 CJ P0，PLC 跳到标号为 P0 处之后的程序去执行。

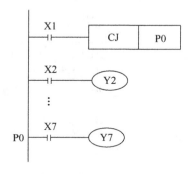

图 4-9　分支用指针

2. 中断指针(I0□□～I8□□)

中断指针是用来指示某一中断程序的入口位置。执行中断后遇到 IRET(中断返回)指令，则返回主程序。中断指针有以下三种类型：

(1) 输入中断用指针(I00□～I50□)：共 6 点，它是用来指示由特定输入端的输入信号而产生中断的中断服务程序的入口位置，这类中断不受 PLC 扫描周期的影响，可以及时处理外界信息。输入中断用指针的编号格式如图 4-10 所示。

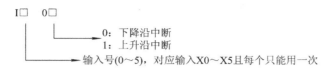

图 4-10　输入中断用指令格式

例如：I101 为当输入 X1 从 OFF→ON 变化时，执行以 I101 为标号后面的中断程序，并根据 IRET 指令返回。

(2) 定时器中断用指针(I6□□～I8□□)：共 3 点，是用来指示周期定时中断的中断服务程序的入口位置，这类中断的作用是 PLC 以指定的周期定时执行中断服务程序，定时循环处理某些任务。处理的时间也不受 PLC 扫描周期的限制。□□表示定时范围，可在 10～99 ms 中选取。

(3) 计数器中断用指针(I010～I060)：共 6 点，它们用在 PLC 内置的高速计数器中。根据高速计数器的计数当前值与计数设定值的关系，确定是否执行中断服务程序。它常用于利用高速计数器优先处理计数结果的场合。

4.4.8　数据寄存器、文件寄存器 D

数据寄存器就是存放数值数据用的软元件，文件寄存器是处理这种数据寄存器的初始值的软元件。全都是 16 位数据(最高位为正负符号)，将 2 个数据寄存器、文件寄存器组合后可以保存 32 位(最高位为正负符号)的数值数据。指定 32 位时，如指定了低位侧(例如 D0)，高位侧就自动占有紧接的号码(例如 D1)。低位侧既可指定奇数，也可指定偶数的软元件编号，但是考虑到人机界面、显示模块、编程工具的监控功能等，建议低位侧取偶数的软元件编号。

数据寄存器、文件寄存器的编号及功能见表 4-5。

表 4-5　数据寄存器、文件寄存器的编号及功能

PLC 型号	数据寄存器				文件寄存器(保持)
	一般用	停电保持用(电池保持)	停电保持用(电池保持)	特殊用	
FX3U、FX3UC可编程控制器	D0～D199200 点[①]	D200～D511312 点[②]	D512～D79997488 点[③④]	D8000～D8511512 点	D1000[④]以后最大 7000 点

注：① 非停电保持区域。通过设定参数，可以更改为停电保持区域。

② 停电保持区域。通过设定参数，可以更改为非停电保持区域。

③ 关于停电保持的特性不能通过参数进行变更。

④ 通过设定常数，可以将 D1000 以后的数据寄存器以 500 点为单位作为文件寄存器。

4.4.9　常数 K、H

K 是表示十进制整数的符号，主要用来指定定时器或计数器的设定值及应用功能指令操作数中的数值。H 是表示十六进制数，主要用来表示应用功能指令的操作数值。例如 20

用十进制表示为 K20,用十六进制则表示为 H14,所以指令[MOV K20 D0]与指令[MOV H14 D0]的作用相同。

4.4.10　位的位数指定

仅处理 ON/OFF 信息的软元件被称为位软元件,诸如 X、Y、M、S 等。与此相对的 T、C、D 等处理数值的软元件被称为字软元件。即使是位软元件,通过组合后也可以处理数值。在这种情况下,以位数 Kn 和起始软元件的编号的组合来显示。位数为 4 位单位的 K1~K4 可表示 16 位数据,位数为 4 位单位的 K1~K8 可表示 32 位数据。例如 K4M0,由于是 M0~M15,当 M0=M3=1 时,K4M0 则可表示数 K9。

在将 32 位数据传送给 16 位数据时,数据长度不足的高位部分不被传送。在将 16 位数据传送给 32 位数据时,不足的高位被一直视为 0,因此该数会被视为正数进行处理。

复 习 思 考 题

4.1　三菱 FX 系列 PLC 的编程元件有哪些?各自用什么符号表示?

4.2　定时器有哪几种类型?其复位方式是什么?

4.3　内部计数器的复位方式是什么?

4.4　M0~M15 中,M0、M3、M5 数值都为 1,其他都为 0,那么,K4M0 数值等于多少?

第 5 章　三菱 FX3U 系列 PLC 基本指令

5.1　三菱 FX3U 系列 PLC 基本指令

1. 逻辑取及输出线圈指令(LD、LDI、OUT)

LD(取)：常开触点逻辑运算起始指令。

LDI(取非)：常闭触点逻辑运算起始指令。

OUT(输出)：线圈驱动指令。

说明：

(1) LD、LDI 指令：用于将触点接到母线上，操作目标元件为 X、Y、M、T、C、S。LD、LDI 指令还可与 AND、ORB 指令配合，用于分支回路的起点。

(2) OUT 指令：是对输出继电器、辅助继电器、状态继电器、定时器、计数器的线圈的驱动指令，不能用于输入继电器。OUT 指令可以连续使用多次(例如 OUT M100 和 OUT T0)，相当于线圈并联，如图 5-1 中的"OUT M100"和"OUT T0 K19"，但不可以串联使用。在对定时器、计数器使用 OUT 指令后，必须设置常数 K。

LD、LDI、OUT 指令用法如图 5-1 所示。

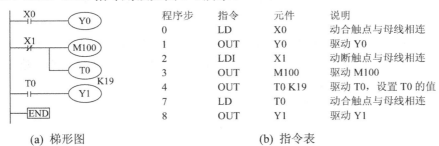

程序步	指令	元件	说明
0	LD	X0	动合触点与母线相连
1	OUT	Y0	驱动 Y0
2	LDI	X1	动断触点与母线相连
3	OUT	M100	驱动 M100
4	OUT	T0 K19	驱动 T0，设置 T0 的值
7	LD	T0	动合触点与母线相连
8	OUT	Y1	驱动 Y1

(a) 梯形图　　　　　　　　　　(b) 指令表

图 5-1　LD、LDI、OUT 指令的使用

2. 单个触点串联指令(AND、ANI)

AND(与)：常开触点串联指令，用于单个触点的串联，完成逻辑"与"运算，助记符为 AND**，**为触点地址。

ANI(与非)：常闭触点串联指令，用于动断触点的串联，完成逻辑"与非"运算，助记符为 ANI**，**为触点地址。

说明：

(1) AND 和 ANI 是用于串联单个触点的指令，串联触点的数量不限，该指令可以多次重复使用。指令的目标元件为 X、Y、M、T、C、S。

(2) 通过触点对其他线圈使用 OUT 指令称为纵接输出，如图 5-2 中的 "OUT M100" 指令后，再通过 T1 触点去驱动 Y4。这种纵接输出，在顺序正确的前提下，可以多次使用。

(3) 串联触点的数目和纵接的次数虽然没有限制，但由于图形编程器和打印机功能的限制，尽量做到一行不超过 10 个触点和 1 个线圈，连续输出总共不超过 24 行。

(4) 串联是用来描述单个触点与其他触点或触点组成的电路连接关系的。虽然图 5-2 中 T1 的触点与 Y4 的线圈组成的串联电路与 M100 的线圈是并联关系，但 T1 的动合触点与左边的电路是串联关系，因此对 T1 的触点使用串联指令。

AND、ANI 指令用法如图 5-2 所示。

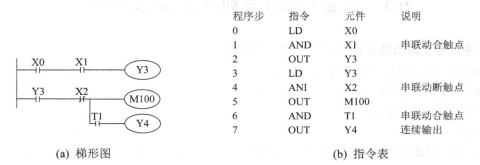

程序步	指令	元件	说明
0	LD	X0	
1	AND	X1	串联动合触点
2	OUT	Y3	
3	LD	Y3	
4	ANI	X2	串联动断触点
5	OUT	M100	
6	AND	T1	串联动合触点
7	OUT	Y4	连续输出

(a) 梯形图　　　　　　　　　　　　　　(b) 指令表

图 5-2　AND、ANI 指令的使用

3. 触点并联指令(OR、ORI)

OR(或)：常开触点并联连接指令，助记符为 OR**，** 为触点地址。

ORI(或非)：常闭触点并联连接指令，助记符为 ORI**，** 为触点地址。

说明：

(1) OR 和 ORI 是用于并联连接单个触点的指令，并联多个串联的触点不能用此指令，而要使用 ORB 指令。

(2) OR 和 ORI 指令是从该指令的当前步开始，对前面的 LD、LDI 指令并联连接。该指令并联连接的次数不限，但由于编程器和打印机的功能限制，实际并联的次数在 24 次以下。

OR、ORI 指令用法如图 5-3 所示。

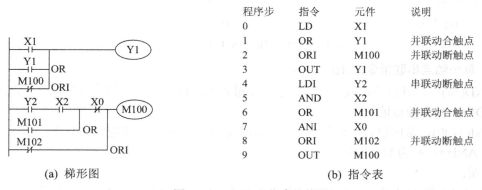

程序步	指令	元件	说明
0	LD	X1	
1	OR	Y1	并联动合触点
2	ORI	M100	并联动断触点
3	OUT	Y1	
4	LDI	Y2	串联动断触点
5	AND	X2	
6	OR	M101	并联动合触点
7	ANI	X0	
8	ORI	M102	并联动断触点
9	OUT	M100	

(a) 梯形图　　　　　　　　　　　　　　(b) 指令表

图 5-3　OR、ORI 指令的使用

4. 边沿检测脉冲指令(LDP、LDF、ANDP、ANDF、ORP、ORF)

各指令的功能如表 5-1 所示。

表 5-1　LDP、LDF、ANDP、ANDF、ORP、ORF 指令的功能

指令助记符、名称	功能	可用元件	程序步
LDP 取脉冲	上升沿检测运算开始	X、Y、M、S、T、C	1
LDF 取脉冲	下降沿检测运算开始	X、Y、M、S、T、C	1
ANDP 与脉冲	上升沿检测串联连接	X、Y、M、S、T、C	1
ANDF 与脉冲	下降沿检测串联连接	X、Y、M、S、T、C	1
ORP 或脉冲	上升沿检测并联连接	X、Y、M、S、T、C	1
ORF 或脉冲	下降沿检测并联连接	X、Y、M、S、T、C	1

说明:

(1) LDP、ANDP、ORP 指令是进行上升沿检测的触点指令,仅在指定位软元件上升沿时(即由 OFF→ON 变化时)接通 1 个扫描周期。

(2) LDF、ANDF、ORF 指令是进行下降沿检测的触点指令,仅在指定位软元件下降沿时(即由 ON→OFF 变化时)接通 1 个扫描周期。

LDP、LDF、ANDP、ANDF、ORP、ORF 指令用法参考图 5-4。图中表示在 X000 的上升沿或 X001 的下降沿时刻,有 M0 的输出,且接通一个扫描周期。对于 M1,仅当 X002 接通,X003 的上升沿出现时,M1 输出一个扫描周期,工作波形如图 5-4(c)所示。

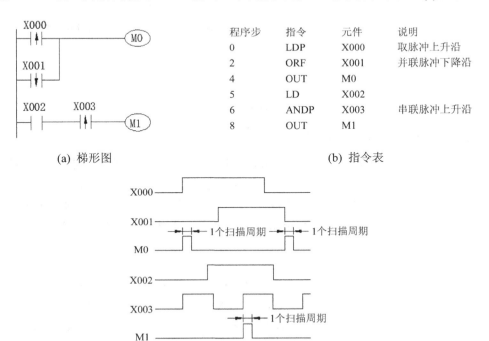

(a) 梯形图　　　　　　　　　　　　　(b) 指令表

(c) 波形图

图 5-4　边沿检测脉冲指令的应用图解

5. 串联电路块的并联指令(ORB)

当一个梯形图的控制线路由若干个先串联、后并联的触点组成时，可将每组串联的触点看作一个块。与左母线相连的最上面的块按照触点串联的方式编写语句，下面依次并联的块称作子块，每个子块左边第一个触点用 LD 或 LDI 指令，其余串联的触点用 AND 或 ANI 指令。每个子块的语句编写完后，加一条 ORB 指令作为该指令的结束。ORB 是将串联块相并联，是块或指令。

说明：

(1) 2 个以上的触点串联连接的电路称为串联电路块。串联电路块并联时，各电路块分支的开始用 LD 或 LDI 指令，分支结束用 ORB 指令。

(2) 若将多个串联电路块并联，则在每个电路块后面加上一条 ORB 指令。

(3) ORB 指令为无操作数元件号的独立指令。ORB 指令用法如图 5-5 所示。

程序步	指令	元件	说明
0	LD	X000	
1	AND	X001	串联电路块
2	LD	X002	
3	AND	X003	串联电路块
4	ORB		串联电路块的并联
5	LDI	X004	
6	AND	X005	串联电路块
7	ORB		串联电路块的并联
8	OUT	M0	

(a) 梯形图   (b) 指令表

图 5-5 ORB 指令的使用

6. 并联电路块的串联指令(ANB)

当一个梯形图的控制线路由若干个先并联、后串联的触点组成时，可将每组并联的触点看作一个块。与左母线相连的块按照触点并联的方式编写语句，其后依次相连的块称作子块，每个子块最上面的触点用 LD 或 LDI 指令，其余与其并联的触点用 OR 或 ORI 指令。每个子块的语句编写完后，加一条 ANB 指令，表示各并联电路块的串联。ANB 是将并联块相串联，是块与指令。

说明：

(1) 在使用 ANB 指令前，应先完成并联电路块的内部连接。并联电路块中各分支的开始用 LD 或 LDI 指令，在并联好电路块后，使用 ANB 指令与前面电路串联。

(2) 可将多个并联电路块顺次用 ANB 指令与前面电路串联连接，ANB 的使用次数不限。

(3) ANB 指令为无操作数元件号的独立指令。ANB 指令用法如图 5-6 所示。

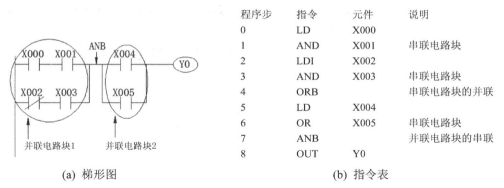

程序步	指令	元件	说明
0	LD	X000	
1	AND	X001	串联电路块
2	LDI	X002	
3	AND	X003	串联电路块
4	ORB		串联电路块的并联
5	LD	X004	
6	OR	X005	串联电路块
7	ANB		并联电路块的串联
8	OUT	Y0	

(a) 梯形图	(b) 指令表

图 5-6　ANB 指令的使用

7. 多重输出电路指令(MPS、MRD、MPP)

MPS：进栈指令，把中间运算结果送入堆栈的第一个堆栈单元(栈顶)，同时让堆栈中原有的数据顺序下移一个堆栈单元。

MRD：读栈指令，仅仅读出栈顶的数据，该指令操作完成后，堆栈中的数据保持原状。

MPP：出栈指令，弹出堆栈中第一个堆栈单元的数据，同时使堆栈中第二个堆栈单元至栈底的所有数据顺序上移一个单元。

说明：

(1) 无论何时连续使用 MPS 和 MPP 必须少于 11 次，并且 MPS 和 MPP 必须配对使用。

(2) MPS、MRD、MPP 指令用法如图 5-7 所示。

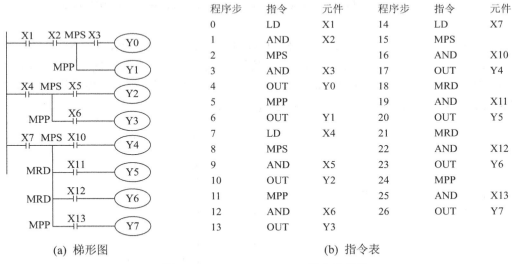

程序步	指令	元件	程序步	指令	元件
0	LD	X1	14	LD	X7
1	AND	X2	15	MPS	
2	MPS		16	AND	X10
3	AND	X3	17	OUT	Y4
4	OUT	Y0	18	MRD	
5	MPP		19	AND	X11
6	OUT	Y1	20	OUT	Y5
7	LD	X4	21	MRD	
8	MPS		22	AND	X12
9	AND	X5	23	OUT	Y6
10	OUT	Y2	24	MPP	
11	MPP		25	AND	X13
12	AND	X6	26	OUT	Y7
13	OUT	Y3			

(a) 梯形图	(b) 指令表

图 5-7　MPS、MRD、MPP 指令的使用

8. 主控触点指令(MC、MCR)

MC(主控)：主控电路块起点指令。

MCR(主控复位)：主控电路块终点指令。

说明：

(1) X1 接通时，执行 MC 与 MCR 之间的指令。

(2) MC 指令后，母线(LD、LDI 点)移至 MC 触点之后，返回原来母线的指令是 MCR。MC 指令使用后必定要用 MCR 指令。

(3) 使用不同的 Y、M 元件号，可多次使用 MC 指令。MC、MCR 指令用法如图 5-8 所示。

程序步	指令	元件	说明
0	LD	X1	
1	MC	N0	3 步指令
		M100	
4	LD	X2	
5	OUT	Y1	
6	LD	X3	
7	OUT	Y2	
8	MCR	N0	2 步指令
10	END		

(a) 梯形图　　　　　　　　　　(b) 指令表

图 5-8　MC、MCR 指令的使用

9. 置位与复位指令(SET、RST)

SET(置位指令)：它的作用是使被操作的目标元件置位并保持。

RST(复位指令)：使被操作的目标元件复位并保持清零状态。

SET、RST 指令的使用如图 5-9(a)所示。当 X0 常开触点接通时，Y0 变为 ON 状态并一直保持该状态，即使 X0 断开，Y0 的 ON 状态仍维持不变；只有当 X1 的常开触点闭合时，Y0 才变为 OFF 状态并保持，即使 X1 常开触点断开，Y0 也仍为 OFF 状态。

说明：

(1) SET 指令的目标元件为 Y、M、S，RST 指令的目标元件为 Y、M、S、T、C、D、V、Z。RST 指令常被用来对 D、Z、V 的内容清零，还用来复位累计定时器和计数器。

(2) 对于同一目标元件，SET、RST 可多次使用，顺序也可随意，但最后执行者有效。使用 SET、RST 指令后的指令表程序如图 5-9(b)所示。

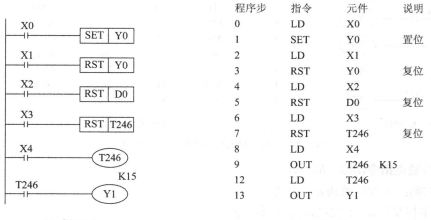

程序步	指令	元件		说明
0	LD	X0		
1	SET	Y0		置位
2	LD	X1		
3	RST	Y0		复位
4	LD	X2		
5	RST	D0		复位
6	LD	X3		
7	RST	T246		复位
8	LD	X4		
9	OUT	T246	K15	
12	LD	T246		
13	OUT	Y1		

(a) 梯形图　　　　　　　　　　(b) 指令表

图 5-9　SET、RST 指令的使用

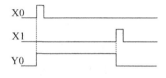

(c) 波形图

续图 5-9　SET、RST 指令的使用

10. 脉冲微分指令(PLS、PLF)

脉冲微分指令(PLS、PLF)的功能说明微分指令可以将脉宽较宽的输入信号变成脉宽等于 PLC 一个扫描周期的触发脉冲信号，相当于对输入信号进行微分处理，如图 5-10 所示。PLS 称为上升沿微分指令，其作用是在输入信号的上升沿产生一个扫描周期的脉冲输出。PLF 称为下降沿微分指令，其作用是在输入信号的下降沿产生一个扫描周期的脉冲输出。脉冲微分指令的应用格式如图 5-10 所示，利用微分指令检测到信号的边沿，M0 或 M1 仅接通一个扫描周期，通过置位和复位指令控制 Y0 的状态。

说明:

(1) PLS、PLF 指令的目标元件为 Y 和 M。

(2) 使用 PLS 指令时，是利用输入信号的上升沿来驱动目标元件，使其接通一个扫描周期；使用 PLF 指令时，是利用输入信号的下降沿来驱动目标元件，使其接通一个扫描周期。PLS、PLF 指令的使用如图 5-10 所示。

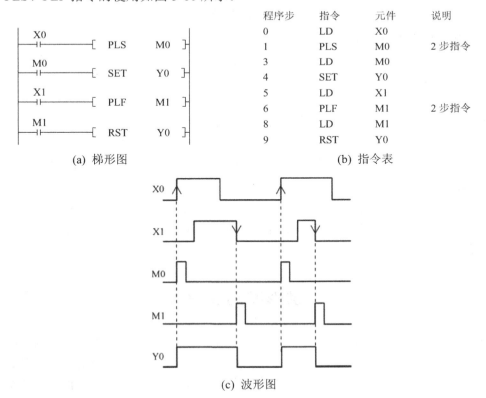

图 5-10　PLS、PLF 指令的使用

11. 取反指令(INV)

INV 为取反指令，用于将运算结果取反。当执行到该指令时，将 INV 指令之前的运算结果(如 LD、LDI 等)变为相反的状态，即由原来的 OFF 变为 ON，原来的 OFF 变为 ON。INV 指令的使用如图 5-11 所示，图中用 INV 指令实现将 X1 的状态取反后驱动 Y0，当 X1 为 OFF 时 Y0 得电，当 X1 为 ON 时 Y0 失电。

说明：

(1) 该指令是一个无操作数指令。

(2) 该指令不能直接与左母线相连，也不能像 OR、ORI 等指令那样单独使用。

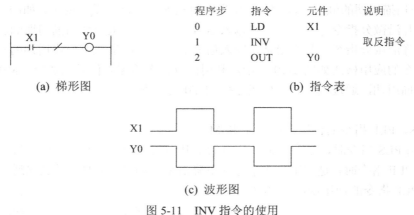

程序步	指令	元件	说明
0	LD	X1	
1	INV		取反指令
2	OUT	Y0	

(a) 梯形图　　　　　　　　　　　　　(b) 指令表

(c) 波形图

图 5-11　INV 指令的使用

12. 空操作指令(NOP)

NOP 为空操作指令，该指令是一条无动作、无目标元件，占有一个程序步的指令。空操作指令使该步序作空操作。

说明：

(1) 用 NOP 指令代替已写的指令，可以改变电路。

(2) 在程序中加入 NOP 指令，在改变或追加程序时，可以减少步序号的改变。

(3) 执行完清除用户存储器操作后，用户存储器的内容全部为空操作指令。

13. 结束指令(END)

END 指令用来标记用户程序存储区最后一个存储单元。PLC 反复进行输入处理、程序运算、输出处理。若在程序最后写入 END 指令，则 END 以后的程序步就不再执行，直接进行输出处理。

5.2　梯形图的编程规则

梯形图语言沿袭了继电器控制电路的形式，梯形图是在常用的继电器与接触器逻辑控制基础上简化了符号演变而来的，具有形象、直观、实用等特点，是目前运用最多的一种 PLC 的编程语言。尽管梯形图与继电器电路图在结构形式、元件符号及逻辑控制功能等方面相类似，但它们又有许多不同之处，梯形图具有自己的编程规则和技巧。

1. 梯形图的格式

(1) 在 PLC 程序图中，左、右母线类似于继电器与接触器控制电源线，输出线圈类似于负载，输入触点类似于按钮。梯形图由若干阶层构成，自上而下排列，每一逻辑行总是起于左母线，然后是触点的连接，最后终止于线圈或右母线，右母线可以不画出。左母线与线圈之间一定要有触点，而线圈与右母线之间则不能有任何触点。

(2) 梯形图中的触点可以任意串联或并联，但继电器线圈只能并联而不能串联。

(3) 触点的使用次数不受限制。

(4) 一般情况下，在梯形图中同一线圈只能出现一次。如果在程序中，同一线圈使用了两次或多次，称为双线圈输出。对于双线圈输出，有些 PLC 将其视为语法错误，绝对不允许；有些 PLC 则将前面的输出视为无效，只有最后一次输出有效；而有些 PLC，在含有跳转指令或步进指令的梯形图中允许双线圈输出。

(5) 对于不可编程梯形图，必须经过等效变换，变成可编程梯形图。

(6) 有几个串联电路相并联时，应将串联触点多的回路放在上方，如图 5-5(a)所示。在有几个并联电路相串联时，应将并联触点多的回路放在左方，如图 5-6(a)所示。这样所编制的程序简洁明了，语句较少。

另外，在设计梯形图时输入继电器的触点状态最好按输入设备全部为常开进行设计更为合适，不易出错。建议用户尽可能用输入设备的常开触点与 PLC 输入端连接，如果某些信号只能用常闭输入，可先按输入设备为常开来设计，然后将梯形图中对应的输入继电器触点进行取反操作(常开改成常闭、常闭改成常开)。

2. 编程注意事项及编程技巧

(1) 程序应按自上而下，从左到右的顺序编写。

(2) 同一编号的输出元件在一个程序中出现两次，即形成双线圈输出，双线圈输出容易引起误操作，应尽量避免。但是，不同编号的输出元件可以并行输出，如图 5-12 所示。

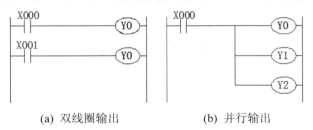

(a) 双线圈输出　　　　　　(b) 并行输出

图 5-12　双线圈输出与并行输出

(3) 线圈不能直接与左母线相连。如果需要，可以通过一个没有使用元件的动断触点或特殊辅助继电器 M8000(常 ON)来连接，如图 5-13 所示。

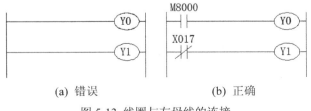

(a) 错误　　　　　　　　(b) 正确

图 5-13　线圈与左母线的连接

(4) 调整编程顺序，减少程序步数。采用"串上并左"原则，即串联的电路放在上面，减少使用 ORB 指令，如图 5-14 所示。并联的电路放在左侧，减少使用 ANB 指令，如图 5-15 所示。

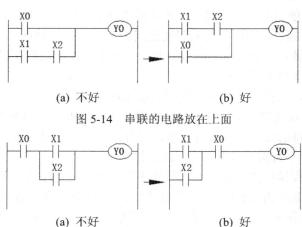

图 5-14 串联的电路放在上面

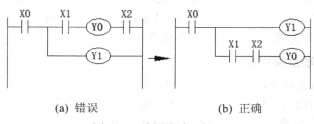

图 5-15 并联的电路放在左侧

(5) 线圈右边无触点，触点都放在线圈的左边，如图 5-16 所示。

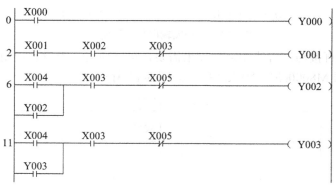

图 5-16 线圈右边无触点

复 习 思 考 题

5.1 将梯形图改写成指令表程序。

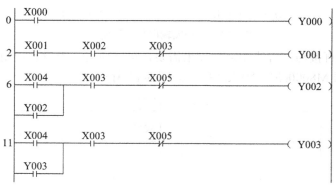

题 5.1 图

5.2 指出下列梯形图中的错误之处。

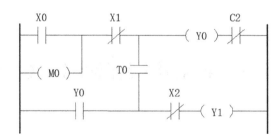

题 5.2 图

5.3 按启动按钮，指示灯就亮。按停止按钮 5 s 后指示灯灭。如果按停止按钮不到 5 s，再按启动按钮，指示灯继续亮，要再按停止按钮过 5 s 指示灯才灭。编制梯形图(启动按钮 X0，指示灯 Y0，停止按钮 X1)。

5.4 有 3 个灯，分别用红、黄、绿来代表。红灯亮 1 s 后自动灭，黄灯亮 1 s 后自动灭，绿灯亮 1 s 后自动灭。过 1 s 后，红、黄、绿 3 个灯同时亮 1 s，再同时灭 1 s。如此循环，编制梯形图。

5.5 用定时器实现指示灯间隔闪烁控制。按下启动按钮，指示灯先以 1 s 闪烁 2 次，然后指示灯自动灭 1 s。如此循环，编制梯形图。

第 6 章　三菱 FX3U 系列 PLC 程序设计

6.1　梯形图程序设计的基本方法

PLC 控制程序在整个 PLC 控制系统中处于核心地位，程序质量的好坏对整个控制系统的性能有直接影响。本节对开关量控制程序的设计方法作一个介绍。常用的开关量控制程序的设计方法有逻辑设计法、时序设计法、经验设计法、顺序控制设计法和转换设计法。

6.1.1　逻辑设计法

逻辑设计法是针对组合电路的程序设计方法。所谓组合电路，就是指控制结果只和输入有关的电路。对组合电路的控制任务进行逻辑分析，将控制电路中元器件的通断状态看作以触点通断状态为逻辑变量的逻辑函数，并进行简化，利用 PLC 的逻辑指令即可得到控制程序的设计方法。下面以一个实例来具体说明这种程序设计方法。

例如，在楼梯走廊里，在楼上、楼下各安装一个开关来控制一盏照明灯，需要应用 PLC 技术来进行设计。此类问题的设计一般分三个步骤：

(1) 根据控制条件列出真值表并写出逻辑表达式。

根据设计要求，分析可知每个开关有两种逻辑状态，两个开关共有 4 种输入状态，当只有一个开关动作时灯亮，当两个开关都动作或都不动作时灯不亮，其真值表见表 6-1。

表 6-1　真值表

SB1(X0)	SB2(X1)	Y0	逻辑函数表达式
0	0	0	
0	1	1	$\overline{SB1} \cdot SB2$
1	0	1	$SB1 \cdot \overline{SB2}$
1	1	0	

根据真值表，列出逻辑函数最终表达式：$Y0=\overline{SB1} \cdot SB2 + SB1 \cdot \overline{SB2}$。

(2) 对逻辑表达式进行化简。

化简逻辑函数表达式的方法有逻辑函数公式化简法、卡诺图化简法等。

① 公式化简法是指利用逻辑代数的基本公式，对函数进行消项、消因子。常用公式化简法有以下几种：

a. 并项法：利用公式 $AB+A\overline{B}=A$，将两个与项合并为一个，消去其中的一个变量。

b. 吸收法：利用公式 $A+AB=A$，吸收多余的与项。

c. 消因子法：利用公式 $A+\overline{A}B=A+B$，消去与项多余的因子。

d. 消项法：利用公式 $AB+\overline{A}C=AB+\overline{A}C+BC$ 进行配项，以消去更多的与项。

e. 配项法：利用公式 $A+A=A$，$A+\overline{A}=1$ 配项，简化表达式。

② 逻辑函数的卡诺图化简法将 n 变量的全部最小项各用一个小方块表示，并使具有逻辑相邻性的最小项在几何位置上相邻排列，得到的图形叫作 n 变量最小项的卡诺图。

卡诺图化简法的步骤：

a. 画出函数的卡诺图。

b. 画圈(先圈孤立 1 格，再圈只有一个方向的最小项(1 格)组合)。

c. 画圈的原则：合并个数为 $2n$；圈尽可能大(乘积项中含因子数最少)；圈尽可能少(乘积项个数最少)；每个圈中至少有一个最小项仅被圈过一次，以免出现多余项。

d. 写出最简与或表达式。

本例中的表达式已是最简式，不用再化简。

(3) 根据最简逻辑表达式画出控制电路。

逻辑函数与梯形图之间有一定的关系，这种关系可以用图 6-1 表示。

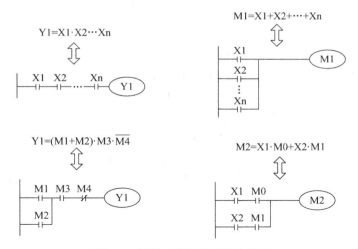

图 6-1　逻辑函数与梯形图的关系

根据本例的最简逻辑表达式就可以画出控制电路，如图 6-2 所示。

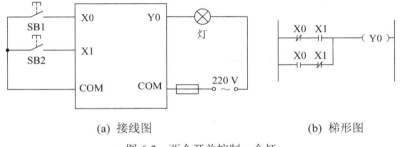

(a) 接线图　　　　　　　　(b) 梯形图

图 6-2　两个开关控制一个灯

6.1.2 时序设计法

时序设计法适合于 PLC 各输出信号的状态变化有一定时间顺序的场合。在程序设计时，首先确定各输入和输出信号之间的时序关系，画出各输入和输出信号的工作时序图。其次，将时序图划分成若干时间区段，找出区段间的分界点，弄清分界点处输出信号状态的转换关系和转换条件，找出输出和输入及内部触点的对应关系，并进行适当简化。最后，根据化简的逻辑表达式画出梯形图。一般来讲，时序设计法应与经验法配合使用，否则可能会使逻辑关系过于复杂。下面以一个实例来具体说明这种编程方法。

有 M1 和 M2 两台电动机，按下启动按钮后，M1 运转 10 min，停止 5 min；M2 电动机与 M1 相反。即：M1 停止时 M2 运行，M1 运行时 M2 停止。如此循环往复，直至按下停止按钮。该电动机控制系统 I/O 接线图如图 6-3 所示。

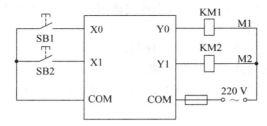

图 6-3　两台电动机顺序控制 I/O 接线图

由于两台电动机 M1、M2 是周期性交替运行的，运行周期 T 为 15 min，因此考虑采用延时接通定时器 T0(定时 10 min)和 T1(定时 5 min)来控制这两台电动机的运行。当按下启动按钮 SB1 后，T0 开始计时，同时电动机 M1 开始运行。10 min 后 T0 定时时间到，T1 开始计时，电动机 M1 停止，M2 开始运行。当 T1 定时时间到 5 min 时，T1 动作，电动机 M2 停止，M1 开始运行，同时将自身和 T0 复位，程序进入下一个循环。如此往复，直到按下停止按钮，两台电动机停止运行，两个定时器也停止计时。

为了使逻辑关系清晰，用辅助继电器 M0 作为运行控制继电器。根据控制要求画出两台电动机的工作时序图，如图 6-4 所示。

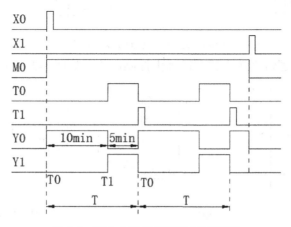

图 6-4　两台电动机顺序控制时序图

　　此类案例的设计程序一般包含三大部分,分别是启保停电路、时序循环控制电路和输出电路。为了达到连续循环的目的,可以将最后一个定时器的常闭触点串接在第一个定时器的驱动条件中。

　　由图 6-4 可以看出,T0、T1 时刻电动机 M1、M2 的运行状态发生改变,由前面的分析列出电动机运行的逻辑函数表达式为

$$Y0 = M0 \cdot \overline{T0} , \quad Y1 = T0 \cdot \overline{T1}$$

　　由此根据上述分析结合编程经验,所得到的梯形图程序如图 6-5 所示。

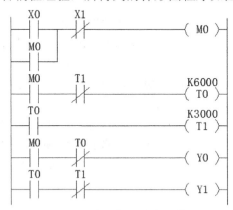

图 6-5　两台电动机顺序控制梯形图

　　通过此案例可以看出,时序控制类问题的解决过程分两步走:一是画时序图,确定定时器;二是编制程序。而程序又可分为三部分,即启停部分、时序循环控制部分和输出部分。

6.1.3　经验设计法

　　经验设计法即在一些典型的控制电路程序的基础上,根据被控制对象的具体要求,进行选择组合,并多次反复调试和修改梯形图;有时需增加一些辅助触点和中间编程环节,才能达到控制要求。这种设计方法所用的时间和设计质量与设计者的经验有很大的关系,所以称为经验设计法。经验设计法对于一些较为简单的程序设计是比较奏效的。但是,由于这种方法主要靠设计人员的经验进行设计,所以对设计人员的要求也比较高,特别是要求设计者有一定的实践经验,对工业控制系统和工业上常用的各种典型环节比较熟悉。经验设计法具有很大的试探性和随机性,往往需经过多次修复和完善才能符合设计要求,所以设计的结果往往不是很规范,因人而异。

　　经验设计法一般适合于设计一些简单的梯形图程序或复杂系统的某一局部程序(如手动程序等)。如果用来设计复杂系统梯形图,存在以下问题:

　　(1) 考虑不周,设计麻烦,设计周期长。用经验设计法设计复杂系统的梯形图程序时,要用大量的中间元件来完成记忆、联锁、互锁等功能。由于需要考虑的因素很多,它们往往又交织在一起,分析起来比较困难,并且很容易遗漏一些问题。当修改某一局部程序时,很可能会对系统其他部分程序产生意想不到的影响,往往花了很长的时间,还得不到一个满意的结果。

　　(2) 梯形图的可读性差,系统维护困难。用经验设计法设计的梯形图是按设计者的经

验和习惯思路进行设计的，因此即使是设计者的同行，要分析这种程序也非常困难，更不用说维修人员了，这给 PLC 系统的维护和改进带来许多困难。

用经验设计法设计 PLC 程序时大致可以按下面几步来进行：分析控制要求，选择控制原则；设计主令元件和检测元件，确定输入/输出设备；设计执行元件的控制程序；检查、修改和完善程序。

6.1.4　顺序控制设计法

所谓顺序控制设计法，就是按照生产工艺预先规定的顺序，在各个输入信号的作用下，根据内部状态和时间的顺序，在生产过程中各个执行机构自动有序地进行操作。使用顺序控制设计法时首先根据系统的工艺过程，画出顺序功能图，然后根据顺序功能图在编程软件中编写(或转化为)梯形图，或直接将功能顺序图导入 PLC 中执行。

在绘制顺序功能图前，先要将系统的一个工作周期划分为若干个顺序相连的步，每个步对应一种操作状态，并分析清楚相邻步的转换条件，进而绘制出顺序功能图。这种方法主要用于解决顺序控制问题，包括单一顺序、选择顺序和并行顺序控制问题。关于顺序控制设计法，将在本教材的第 8 章、第 10 章中作较为详细的介绍。

6.1.5　转换设计法

PLC 梯形图转换设计法就是将继电器电路图转换成与原有功能相同的 PLC 梯形图。这种等效转换是一种简便快捷的编程方法。转换法的优点较多：其一，原继电器控制系统经过长期使用和考验，已经被证明能够完成系统要求的控制功能；其二，继电器电路图与 PLC 的梯形图在表达方法和分析方法上有很多相似之处，因此根据继电器电路图来设计梯形图简便快捷；其三，这种设计方法对原有系统的外部结构改动较少，操作人员不用改变长期形成的操作习惯。

1. 基本方法

根据继电器电路图来设计 PLC 梯形图，关键是要抓住它们的一一对应关系，即控制功能的对应、逻辑功能的对应，以及继电器硬件元件和 PLC 软件元件的对应。

2. 转换设计的步骤

(1) 了解和熟悉被控设备的工艺过程和机械的动作情况，分析继电器电路并掌握控制系统的工作原理，这样才能在设计和调试系统时做到胸有成竹。

(2) 确定 PLC 的输入信号和输出信号，画出 PLC 的外部接线图。继电器电路图中的交流接触器和电磁阀等执行机构用 PLC 的输出继电器替代，它们的硬件线圈在 PLC 的输出端。按钮开关、限位开关、接近开关及控制开关等用 PLC 的输入继电器替代，用来给 PLC 提供控制命令和反馈信号，它们的触点接在 PLC 的输入端。在确定了 PLC 的各输入信号和输出信号对应的输入继电器和输出继电器的元件号后，画出 PLC 的外部接线图。

(3) 确定 PLC 梯形图中的辅助继电器(M)和定时器(T)的元件号。继电器电路图中的中间继电器和时间继电器的功能用 PLC 内部的辅助继电器和定时器来替代，并确定其对应关系。

(4) 根据上述对应关系画出 PLC 梯形图。

(5) 根据被控设备的工艺过程和机械的动作情况及梯形图编程的基本规则，优化梯形图，使梯形图既符合控制要求，又具有合理性、条理性和可靠性。特别要注意的是，机械按钮动作的先后动作顺序与理想中的 PLC 软元件的触点动作有所不同，在梯形图设计完成后一定要对梯形图进行模拟运行，以减少错误的发生。

(6) 根据梯形图写出需要的指令表程序。

3. 设计案例一

在第 2 章中曾经叙述了电动机的点动控制的电气控制图，如图 6-6 所示。要将控制部分改成由 PLC 来进行控制，应先确定其 I/O 分配表(见表 6-2)，然后根据电气控制图，可以很容易地画出其 PLC 控制图，如图 6-7 所示。

表 6-2　电动机点动控制 I/O 分配表

输入地址		输出地址	
按钮 SB	X0	接触器 KM	Y0

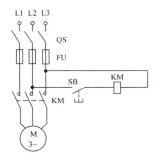

图 6-6　电动机的点动控制

图 6-7　电动机点动控制梯形图

4. 设计案例二

在第 2 章中曾经叙述了电动机单向旋转的长动控制的电气控制图，如图 6-8 所示。其工作原理为：按下 SB1 按钮，接触器线圈 KM 得电，使接触器 KM 吸合，并使接触器的辅助触点也得电，从而能在 SB1 松开时继续吸合接触器，保持电动机的运转。要将控制部分改成由 PLC 来进行控制，应先确定其 I/O 分配表(见表 6-3)，然后根据电气控制图，可以很容易地画出其 PLC 控制图，如图 6-9 所示。

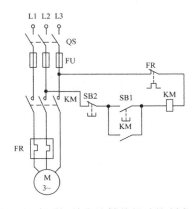

图 6-8　电动机单向旋转的长动控制电路

表 6-3　电动机点动控制 I/O 分配表

输入地址		输出地址	
启动按钮 SB1	X0	接触器 KM	Y0
停止按钮 SB2	X1		
热继电器 FR	X2		

图 6-9　电机长动控制梯形图

5. 设计案例三

在第 2 章中曾经叙述了电动机单向旋转的既能点动控制又能长动控制的电气控制图，如图 6-10 所示。要将控制部分改成由 PLC 来进行控制，应先确定其 I/O 分配表(见表 6-4)，然后根据电气控制图，画出其 PLC 控制图，如图 6-11 所示。经过模拟测试，发现图 6-11 仅能实现长动控制，不能满足点动控制要求。这是由于 PLC 中元件的常开触点与常闭触点理论上是同时动作的，但实际按钮中联动的常开触点与常闭触点不是同时动作的，而是存在一个时间差。即：按下时常闭触点先断开，常开触点后闭合；而当手释放时其常开触点先断开，常闭触点后闭合。其时序图如图 6-12 所示。

因此，在设计 PLC 梯形图时，不能盲目照搬电气控制图，而忽略了按钮的具体机械动作特性。特别是在有联动按钮的电气控制电路中，更要注意梯形图功能的正确实现，并且要仔细模拟所设计的梯形图功能，在模拟时要罗列各种不同的逻辑开关状态情况，做到把所有可能性都要考虑进去，以免发生不必要的错误。在本例中，利用 FX 基本指令中的 PLF 指令来模拟按钮的动作，以实现既能长动又能点动的控制模拟。修改后的梯形图如图 6-13 所示。

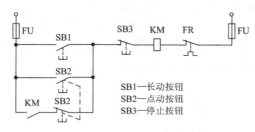

SB1—长动按钮
SB2—点动按钮
SB3—停止按钮

图 6-10　既能点动又能长动控制电路

表 6-4　电动机点动/长动控制 I/O 分配表

输入地址		输出地址	
长动按钮 SB1	X0	接触器 KM	Y0
点动按钮 SB2	X1		
停止按钮 SB3	X2		
热继电器 FR	X3		

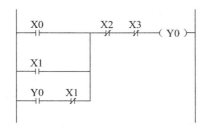

图 6-11　点动与长动梯形图

图 6-12　按钮动作时的触点时序图

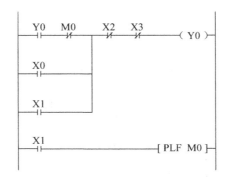

图 6-13　修改后的梯形图

6.2　常用基本单元电路

6.2.1　自锁、互锁电路

在前面的章节中讲述了继电控制电路的自锁功能，即接触器通过自身的常开辅助触点使线圈总是处于得电状态的现象叫做自锁。这个常开辅助触点就叫做自锁触点。当接触器线圈得电后，接触器的常开辅助触点导通；而当接触器线圈失电后，接触器的常开辅助触点就断开。如把常开辅助触点与启动按钮并联，当启动按钮按下时，接触器动作，其辅助触点闭合，并使接触器进行状态保持，此时再松开启动按钮，接触器也不会失电断开。

在 PLC 控制电路中，自锁控制是梯形图控制程序中最基本的电路，常用于对输入开关和输出映像寄存器的应用编程控制。自锁控制也就是人们常说的启保停控制。例如，一台电动机的启动、停止分别由两个按钮开关来控制，按一下启动按钮(SB1)，电动机启动；按一下停止按钮(SB2)，电动机停止运转。这一实例经常应用于各类生产环节中对设备的启停控制。

图 6-14(a)为电动机的主回路图，电动机的启停由接触器 KM 来控制。接触器线圈的通电与否，由启动、停止按钮通过 PLC 来控制。PLC 的接线图如图 6-14(b)所示。编制的梯形图及指令表程序如图 6-15 所示。

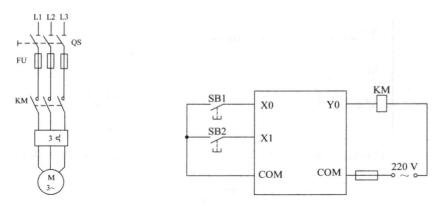

(a) 电动机启停控制主回路　　　　(b) 电动机启停控制 PLC 接线图

图 6-14　电动机启停的 PLC 控制

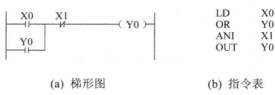

(a) 梯形图　　　　　　　(b) 指令表

图 6-15　电动机启停的 PLC 梯形图与指令表程序

在如图 6-16 所示的程序中，Y0 和 Y1 的常闭触点分别接在对方的输出回路中，只要有一个先接通(如 Y0)，另一个就不能再接通(如 Y1)，从而保证任何时候两者都不能同时启动，这种控制称为互锁控制，常闭点 Y0 和 Y1 为互锁点。这种互锁控制常用于被控的另一组不允许同时动作的对象，如电动机的正反转等。

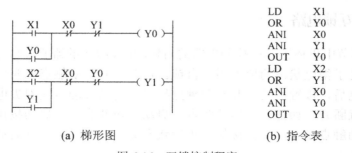

(a) 梯形图　　　　　　　(b) 指令表

图 6-16　互锁控制程序

6.2.2　延时电路

在 PLC 控制系统中，时间控制是常用的控制方式，一般用于延时控制和定时控制。通过对定时器和计数器的编程，可以实现不同功能的控制方式。

1. 瞬时接通/延时断开控制

瞬时接通/延时断开控制要求：在输入信号有效时，马上有输出；在输入信号无效后，输出信号要延时一段时间后才停止。

在图 6-17(a)所示的梯形图中，当 X0 得电时，Y0 得电并自锁，此时 X0 常闭触点断开，T0 不计时；当 X0 失电时，Y0 继续得电并自锁，此时 X0 常闭触点接通，T0 开始计时，计时时间到后，T0 常开触点闭合，常闭触点断开，Y0 失电。其时序图如图 6-17(b)所示。

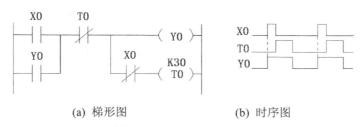

(a) 梯形图　　　　　　　　　　(b) 时序图

图 6-17　延时断开方法一

在图 6-18 所示的梯形图及时序图中，当 X0 得电时，Y0 得电并自锁，此时 T0 不计时；当 X0 失电时，Y0 继续得电并自锁，此时 T0 开始计时，计时时间到后，T0 常闭触点断开，Y0 失电。其时序图如图 6-18(b)所示。梯形图得到的功能与图 6-17 相同。

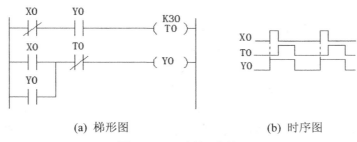

(a) 梯形图　　　　　　　　　　(b) 时序图

图 6-18　延时断开方法二

2. 延时接通/延时断开控制

延时接通/延时断开控制要求：在输入信号有效时，停一段时间才有信号输出；输入信号断开时，输出信号延时一段时间才停止。

图 6-19 所示的电路能实现上述功能。当 X0 得电时，T0 开始延时 2 s 后线圈得电，Y0 有输出；当 X0 失电时，Y0 处于得电状态，T1 开始延时 5 s 后线圈得电，T1 常闭线圈去关闭 Y0，Y0 无输出。

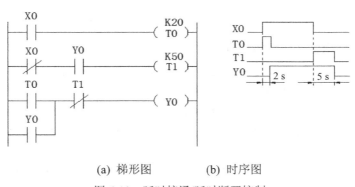

(a) 梯形图　　　　(b) 时序图

图 6-19　延时接通/延时断开控制

3. 多个定时器组合实现长延时控制

有些控制场合延时时间长，超出了定时器的定时范围，称为长延时。长延时电路可以以小时(h)、分钟(min)作为单位来设定，可以采用多个定时器串联方式实现，也可以采用定时器和计数器组合方式实现。图 6-20 所示长延时电路，当 X0 接通时，T0 开始计时，200 s 后，Y0 接通，同时 T1 开始计时，1000 s 后，Y1 接通。

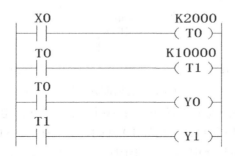

图 6-20　定时器串联实现长延时控制

4. 定时器与计数器组合实现长延时控制

利用定时器和计数器组合的方式也可以实现长延时。在如图 6-21 所示的控制电路中，当输入 X0 端接通时，T0 开始计时，经过 10 s 后，T0 常开触点闭合，计数器 C0 开始递增计数。与此同时，T0 的常闭触点断开，定时器 T0 复位，T0 常开触点随之断开，计数器 C0 仅计数一次，而后 T0 开始重新计时，如此循环。当 C0 计数器经过 10 s × 20 = 200 s 后，计数器 C0 常开触点闭合，输出 Y0。显然，该电路实现的功能是：输入 X0 端接通后，延时 200 s 后输出 Y0 接通。

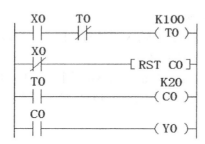

图 6-21　定时器和计数器组合实现长延时控制

5. 计数器串联组合实现时钟控制

利用计数器串联组合实现时钟控制，常称为高精度时钟控制。如图 6-22 所示的电路中，秒脉冲特殊存储器 M8013 作为秒发生器，产生计数器 C0 的计数输入信号，计数器 C0 的累计次数达到设定值 60 时(即为 1 min 时)，计数器位置"1"，即 C0 的常开触点闭合。该信号将作为计数器 C1 的计数脉冲信号，并对 C0 进行复位(自复位)。计数器 C1 的累计次数达到设定值 60 时，计数器 C2 置"1"，并对 C1 进行复位。当计数器 C2 的累计次数达到设定值 24 时，使计数器 C2 复位，重新开始计时。X0、X1 用于调整分钟、时钟。

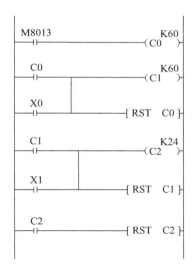

图 6-22 计数器组合实现长延时控制

6.2.3 微分脉冲电路与分频电路

脉冲触发控制在 PLC 控制中属常见控制情况，可用微分操作指令或定时器实现。在许多控制场合，需要对控制信号进行分频，常见的有二分频、四分频控制等。图 6-23 所示电路可以实现二分频功能。在输入 X0 的控制下，输出 Y0 不断实现翻转(ON/OFF/…)。脉冲触发序列周期与输入信号 X0 的周期一致，输出 Y0 正好是输入信号 X0 的二分频。

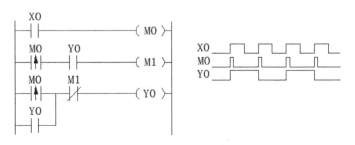

图 6-23 微分指令实现脉冲触发控制

6.2.4 一键启停控制电路

所谓一键启停，是指按动一个按钮就能实现对设备的启动和停止操作，能节约 PLC 输入触点数量，降低成本。对于新手来说能编制一键启停程序是提高编程技巧的方法之一，熟练应用所掌握的指令，精心设计，耐心调试，是能最终完成一键启停程序设计的必由之路。下面提供一些常见的一键启停程序，以供参考。

1. 利用计数器进行设计

使用计数器进行一键启停设计的梯形图形式较多，可以利用一个计数器(如图 6-24 所示)或利用两个计数器(如图 6-25 所示(ZRST 为区间复位指令))进行设计。不管利用几个计数器进行编程，最终都要使用 RST 或 ZRST 指令将计数器进行复位。

图 6-24　利用计数器实现一键启停电路 1

图 6-25　利用计数器实现一键启停电路 2

2. 利用上升沿结合辅助继电器进行设计

按下 X000，在 X000 的上升沿接通瞬间，使 M0 支路导通，Y000 输出；X000 过了导通期后，M0 支路不导通，$\overline{M0}$ 支路导通，继续使 Y000 输出。再次按下 X000 时，使 $\overline{M0}$ 支路不导通，Y000 无输出。梯形图如图 6-26 所示。

图 6-26　利用上升沿的一键启停电路

3. 利用置位和复位指令进行设计

置位(SET)和复位(RST)指令是常用的指令，这两个指令是瞬间完成的，编程时要充分应用触点通断的顺序关系，并要考虑 RST 指令优先于 SET 指令。利用 SET 和 RST 指令编制的一键启停电路如图 6-27 所示，也可采用图 6-28 所示的梯形图。

图 6-27　利用置位和复位指令实现一键启停电路 1

图 6-28　利用置位和复位指令实现一键启停电路 2

4. 利用比较指令进行设计

利用比较指令(参阅 9.3 比较指令)，在 C0=1 时接通 M1，从而输出 Y000，其余情况都输出 M1，即 Y000 无输出。M8000 辅助继电器在 PLC 接通电源时都呈高电平。利用比较指令编制的一键启停电路如图 6-29 所示。

图 6-29　利用比较指令实现一键启停电路

5. 利用交替指令进行设计

交替指令较简单，如使用 ALT 功能指令，则必须使用上升沿触发，否则会不断进行交替变换。程序如图 6-30 所示。

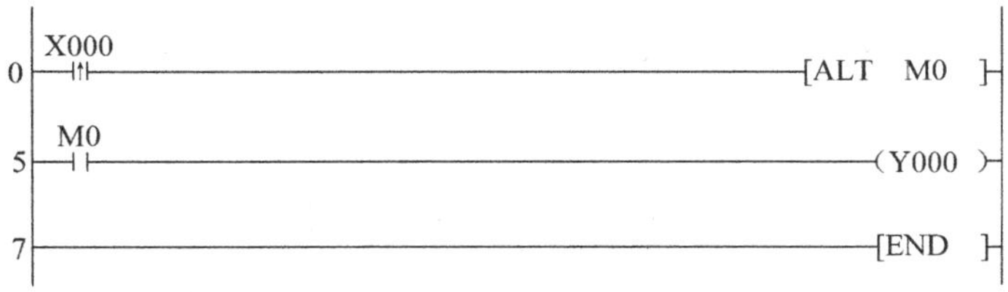

图 6-30　利用连续执行型交替指令实现一键启停电路

如使用 ALTP 指令，则程序改为如图 6-31 所示的简单形式即可。ALT 指令是连续执行型指令，即条件满足时会不断执行，而 ALTP 指令是 ALT 指令的脉冲执行型指令。

图 6-31　利用脉冲执行型交替指令实现一键启停电路

6.3　梯形图程序设计范例

在实际开发 PLC 控制程序时，对于完整的控制系统来说，可以根据控制系统各部分所要实现的功能将控制程序分成若干模块，针对每个模块编写相应的梯形图，然后再合并程序，对程序进行调试运行。这样就可以化繁为简，逐步完成。对于每个模块的程序设计，可以在类似的基本单元电路的基础上进行改造和扩展，这样能大大提高开发的效率。下面以三个案例来进行说明。

6.3.1　案例一：车间通风系统状态监控

车间通风系统由三台风机组成，风机的工作状态由指示灯 HL 与蜂鸣器 H 监视。在每台风机的出风口安装压力传感器，检测风机是否工作正常。当通风系统中有两台以上风机工作时指示灯常亮，表示通风状态良好；当只有一台风机工作时，指示灯以 0.5 Hz 频率闪烁报警，表示通风状态不佳，需要维修；当没有风机工作时，指示灯以 2 Hz 频率闪烁报警，同时蜂鸣器发出报警声，提示车间处于危险状态，需要立即停工。

按照上述任务描述，可设计如表 6-5 所示的 I/O 分配表。

表 6-5　车间通风系统状态监控系统 I/O 分配表

输入地址		输出地址	
压力开关 SP0	X000	指示灯 HL	Y000
压力开关 SP1	X001	蜂鸣器 H	Y001
压力开关 SP2	X002		

根据分配表，画出如图 6-32 所示的接线图。

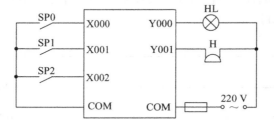

图 6-32　车间通风系统状态监控 PLC 接线图

根据控制要求，可以将程序分为风机工作状态检测、指示灯闪烁信号生成和指示灯与蜂鸣器的输出三个部分。风机的工作状态由相应的压力传感器来检测，三台风机中有两台或三台工作时系统处于正常状态，因此可以将三台电动机对应的压力传感器的状态两两进行组合，共有三种组合，只要任意一种组合的触点闭合，都可以使 M0 有输出。如果三个压力传感器都没有输入信号，则表明三台电动机均停止工作，对应的压力传感器的常闭触点导通，使 M2 有输出，表示系统处于通风停止状态。如果系统既不是正常通风状态也不是停止状态，则为故障状态，此时 M0、M2 的常闭触点均导通，使 M1 有输出。

利用定时器 T200 与 T201 组合实现 2 Hz 的脉冲信号；利用定时器 T202 与 T203 组合实现 0.5 Hz 的脉冲信号。编制的梯形图程序如图 6-33 所示。

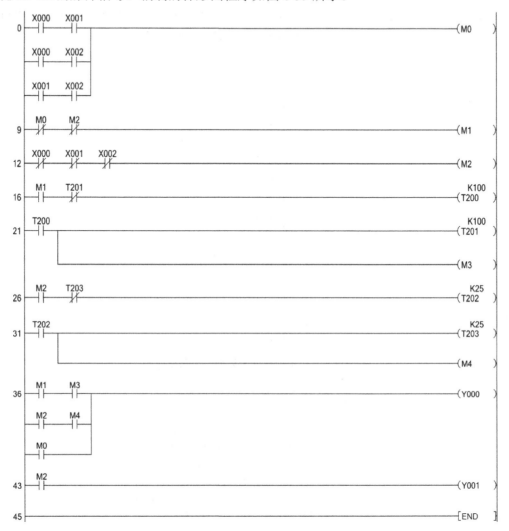

图 6-33　车间通风系统状态监控梯形图程序

6.3.2　案例二：异步电动机降压启动控制

三相异步电机在启动过程中电流较大，一般为额定电流的 5～7 倍。为了降低启动电流对电网的影响，一般需采用降压启动。星形-三角形降压启动方法最为常用，成本也较低。星形-三角形降压启动以改变电动机绕组接法，来达到降压启动的目的。启动时，由主接触器将电源供给三角形接法的电动机的三个首端，由星形接法的接触器将三角形接法的电动机的三个尾端闭合，绕组就变成了星形接法，启动完成后星形接法的接触器断开，三角形接法的接触器闭合，将电源供给电动机的三个尾端，绕组就变成了三角形接法，电动机全压运转。整个启动过程由时间继电器来指挥完成。

　　图 6-34 为星形-三角形启动电路主电路原理图。当合上开关 QS，按下图 6-35 所示的控制电路中的启动按钮 SB0，接触器 KM0、KM2 得电，电动机以星形方式启动；启动 5 s 后，KM2 断开，星形启动结束，延时 300 ms 后 KM1 线圈得电，其主触点闭合，电机转换成三角形方式继续工作。按下停止按钮 SB1 后 KM0、KM1 失电，电动机停止运转。

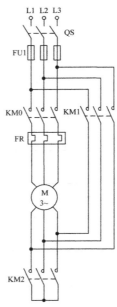

图 6-34　异步电动机降压启动主电路原理图

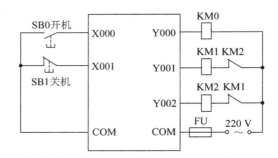

图 6-35　异步电动机降压启动 I/O 接线图

根据控制任务描述，可以确定如表 6-6 所示的 I/O 分配表。

表 6-6　异步电动机降压启动 PLC 的 I/O 分配表

输入地址		输出地址	
启动按钮 SB0	X000	接触器 KM0	Y000
停止按钮 SB1	X001	三角形接法接触器 KM1	Y001
		星形接法接触器 KM2	Y002

　　PLC 的 I/O 接线图如图 6-35 所示。为了避免 KM1 与 KM2 同时得电造成短路，在硬件接线上采用 KM1 与 KM2 线圈得电互锁电路。

控制对象要实现的功能比较简单,主要功能是实现电动机的启停控制。编制的控制程序如图 6-36 所示。

图 6-36　异步电动机降压启动梯形图

6.3.3　案例三:十字路口交通信号灯控制

随着国家经济的不断发展,城市道路建设愈发完善,各种机动、电动车辆增多,交通信号灯系统也不断得到完善和发展,这就要求其控制效率要不断提高。用 PLC 控制交通信号灯已经是一个老生常谈的问题了,各种控制方式也不断产生。信号灯控制属于时序控制电路,具有时序控制的特点,其工作状态非常适合使用 PLC 程序来进行控制。信号灯分东西、南北二组,分别有"红""黄""绿"三种颜色。"启动""停止"按钮分别控制信号灯的启动和停止。"晚间"开关控制信号灯由白天模式转为夜间模式。"南北向常绿/东西向常绿"按钮控制信号灯指定方向为常绿,以适应紧急情况时的通行需要。项目控制要求如下:

(1) 按下 X000 启动按钮,系统开始工作,南北方向的红灯亮 30 s,转为绿灯 25 s,然后转为绿灯闪烁 3 s,再转为黄灯亮 2 s,整个周期 60 s。南北方向的红灯亮起的同时,东西方向的绿灯亮起 25 s 后,转为绿灯闪烁 3 s,然后转为黄灯亮 2 s,再转红灯 30 s。时序图如图 6-37 所示。按下 X004 停止按钮,系统停止工作。

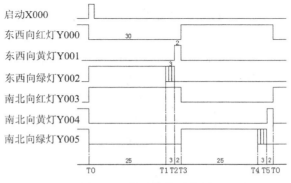

图 6-37　信号灯的时序图

(2) 按下 X001 转为夜间工作状态,这时只有黄灯闪烁。

(3) 按下 X002 转为南北向常绿工作状态，东西向红灯。

(4) 按下 X003 转为东西向常绿工作状态，南北向红灯。

根据控制任务描述，可以确定如表 6-7 所示的 I/O 分配表。

表 6-7　信号灯控制 PLC 的 I/O 分配表

输入地址		输出地址	
启动按钮	X000	东西向红灯	Y000
夜间模式	X001	东西向黄灯	Y001
南北常绿	X002	东西向绿灯	Y002
东西常绿	X003	南北向红灯	Y003
停止按钮	X004	南北向黄灯	Y004
		南北向绿灯	Y005

编制的控制程序如图 6-38 所示。

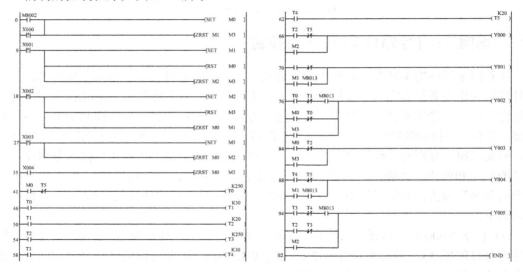

图 6-38　信号灯控制梯形图

6.4　PLC 的调试

调试工作是检查 PLC 控制系统能否满足控制要求的关键工作，是对系统性能的一次客观、综合的评价。系统投用前必须经过全系统功能的严格调试，直到满足要求并经有关用户代表、监理和设计等签字确认后才能交付使用。调试人员应受过系统的专门培训，对控制系统的构成、硬件和软件的使用和操作都比较熟悉。

调试人员在调试时一旦发现问题，应及时联系有关设计人员，在设计人员同意后方可进行修改。修改需做详细的记录，修改前后的软件要进行备份，并对调试修改部分做好文档的整理和归档。调试内容主要包括输入/输出回路功能调试、控制逻辑功能调试、处理器性能测试等。

1. 输入/输出回路功能调试

输入/输出回路功能调试主要包括以下内容：

(1) 模拟量输入(AI)回路调试。要仔细核对 I/O 模块的地址分配，检查回路供电方式(内供电或外供电)是否与现场仪表相一致；用信号发生器在现场端对每个通道加入信号，通常取 0%、50%或 100%三点进行检查。对有报警、联锁值的 AI 回路，还要对报警联锁值(如高报、低报和联锁点以及精度)进行检查，确认有关报警、联锁状态的正确性。

(2) 模拟量输出(AO)回路调试。可根据回路控制要求，用手动输出(即直接在控制系统中设定)的办法检查执行机构(如阀门开度等)，通常也取 0%、50%或 100%三点进行检查，同时通过闭环控制，检查输出是否满足有关要求。对有报警、联锁值的 AO 回路，还要对报警、联锁值(如高报、低报和联锁点以及精度)进行检查，确认有关报警、联锁状态的正确性。

(3) 开关量输入(DI)回路调试。将相应的现场端短接或断开，检查开关量输入模块对应通道地址的发光二极管的变化，同时检查通道的通断变化。

(4) 开关量输出(DO)回路调试。可通过 PLC 编程软件提供的强制功能对输出点进行检查。通过强制，检查开关量输出模块对应通道地址的发光二极管的变化，同时检查通道的通断变化。在做此项检查时，应先把 PLC 中的程序清除。

输入/输出回路功能调试应注意以下事项：

(1) 对于开关量输入/输出回路，要注意保持状态的一致性原则，通常采用正逻辑原则。即：当输入/输出带电时，为"ON"状态，数值为"1"；反之，当输入输出失电时，为"OFF"状态，数值为"0"。这样，便于理解和维护。

(2) 对负载较大的开关量输入/输出模块，应通过继电器与现场隔离，即现场接点尽量不要直接与输入/输出模块连接。

(3) 使用 PLC 提供的强制功能操作时，要注意在测试完毕后应还原状态，在同一时间内不应对过多的点进行强制操作，以免损坏模块。

2. 控制逻辑功能调试

控制逻辑功能调试需会同设计、工艺代表和项目管理人员共同完成。要应用处理器的测试功能设定输入条件，根据处理器逻辑检查输出状态的变化是否正确，确认系统的控制逻辑功能。对所有的联锁回路，应模拟联锁的工艺条件，仔细检查联锁动作的正确性，并做好调试记录和会签确认。

检查工作是对设计控制程序软件进行验收的过程，是调试过程中最复杂、技术要求最高、难度最大的一项工作。特别在有专利技术应用、专用软件等条件下，更加要仔细检查其控制的正确性，应留一定的操作裕度，同时保证工艺操作的正常运作以及系统的安全性、可靠性和灵活性。

3. 处理器性能测试

处理器性能测试要按照系统说明书的要求进行，确保系统具有说明书描述的功能且稳定可靠，包括系统通信、备用电池和其他特殊模块的检查。对有冗余配置的系统必须进行冗余测试，即对冗余设计的部分进行全面检查，包括电源冗余、处理器冗余、I/O 冗余和通信冗余等。

(1) 电源冗余。切断其中一路电源，系统应能继续正常运行，系统无扰动；被断电的电源加电后能恢复正常。

(2) 处理器冗余。切断主处理器电源或切断主处理器的运行开关，备用处理器应能自动成为主处理器，系统运行正常，输出无扰动；被断电的处理器加电后能恢复正常并处于备用状态。

(3) I/O 冗余。选择互为冗余、地址对应的输入和输出点，给输入模块施加相同的输入信号，输出模块连接状态指示仪表，分别通断(或热插拔，如果允许)冗余输入模块和输出模块，检查其状态是否保持不变。

(4) 通信冗余。可通过切断其中一个通信模块的电源或断开一条网络，检查系统能否正常通信和运行；复位后，相应的模块状态应自动恢复正常。要根据设计要求，对一切有冗余设计的模块进行冗余检查。

此外，对系统功能的检查包括系统自检、文件查找、文件编译、维护信息、备份等功能。对较为复杂的 PLC 系统，系统功能检查还包括检查逻辑图状态、回路状态和特殊 I/O 功能等内容。

6.5　PLC 控制系统的可靠性措施

虽然 PLC 具有很高的可靠性，并且有很强的抗干扰能力，但在过于恶劣的环境或安装使用不当等情况下，都有可能引起 PLC 内部信息被破坏而导致控制混乱，甚至造成内部元件损坏。为了提高 PLC 系统运行的可靠性，使用时应注意以下几个方面的问题。

1. 适合的工作环境

1) 环境温度适宜

各生产厂家对 PLC 的环境温度都有一定的规定。通常 PLC 允许的环境温度为 0～55°C。因此，安装时不要把发热量大的元件放在 PLC 的下方；PLC 四周要有足够的通风散热空间；不要把 PLC 安装在阳光直接照射或离暖气、加热器、大功率电源等发热器件很近的场所；安装 PLC 的控制柜最好有通风的百叶窗，如果控制柜温度太高，应该在柜内安装风扇强迫通风。

2) 环境湿度适宜

PLC 工作环境的空气相对湿度一般要求小于 85%，以保证 PLC 的绝缘性能。湿度太大也会影响模拟量输入/输出装置的精度。因此，不能将 PLC 安装在结露、雨淋的场所。

3) 注意环境污染

不宜把 PLC 安装在有大量污染物(如灰尘、油烟、铁粉等)、腐蚀性气体和可燃性气体的场所，尤其是有腐蚀性气体的地方，易造成元件及印刷线路板的腐蚀。如果只能安装在这种场所，在温度允许的条件下，可以将 PLC 封闭；或将 PLC 安装在密闭性较高的控制室内，并安装空气净化装置。

4) 远离震动和冲击源

安装 PLC 的控制柜应当远离有强烈震动和冲击的场所，尤其应避免连续、频繁的震动。

必要时可以采取相应措施来减轻震动和冲击的影响，以免造成接线或插件的松动。

5) 远离强干扰源

PLC 应远离强干扰源，如大功率晶闸管装置、高频设备和大型动力设备等，同时 PLC 还应该远离强电磁场和强放射源，以及易产生强静电的地方。

2. 合理的安装与布线

1) 注意电源安装

电源是干扰进入 PLC 的主要途径。PLC 系统的电源有两类：外部电源和内部电源。

外部电源是用来驱动 PLC 输出设备(负载)和提供输入信号的，又称用户电源。同一台 PLC 的外部电源可能有多种规格。外部电源的容量与性能由输出设备和 PLC 的输入电路决定。由于 PLC 的 I/O 电路都具有滤波、隔离功能，所以外部电源对 PLC 的性能影响不大。因此，对外部电源的要求不高。

内部电源是 PLC 的工作电源，即 PLC 内部电路的工作电源。它的性能好坏直接影响到 PLC 的可靠性。因此，为了保证 PLC 的正常工作，对内部电源有较高的要求。一般 PLC 的内部电源都采用开关式稳压电源或原边带低通滤波器的稳压电源。

在干扰较强或可靠性要求较高的场合，应该用带屏蔽层的隔离变压器为 PLC 系统供电。还可以在隔离变压器二次侧串接 LC 滤波电路。同时，在安装时还应注意以下问题：

(1) 隔离变压器与 PLC 和 I/O 电源之间最好采用双绞线连接，以控制串模干扰。

(2) 系统的动力线应足够粗，以降低大容量设备启动时引起的线路压降。

(3) PLC 输入电路用外接直流电源时，最好采用稳压电源，以保证正确的输入信号；否则可能使 PLC 接收到错误的信号。

2) 远离高压

PLC 不能在高压电器和高压电源线附近安装，更不能与高压电器安装在同一个控制柜内。在柜内 PLC 应远离高压电源线，二者间距离应大于 200 mm。

3) 合理的布线

合理的布线应做到以下几点：

(1) I/O 线、动力线及其他控制线应分开走线，尽量不要在同一线槽中布线。

(2) 交流线与直流线、输入线与输出线分开走线。

(3) 开关量与模拟量的 I/O 线分开走线，对于传送模拟量信号的 I/O 线最好用屏蔽线，且屏蔽线的屏蔽层应一端接地。

(4) PLC 的基本单元与扩展单元之间电缆传送的信号小、频率高，很容易受干扰，不能与其他的连线敷埋在同一线槽内。

(5) PLC 的 I/O 回路配线必须使用压接端子或单股线，不宜用多股绞合线直接与 PLC 的接线端子连接，否则容易出现火花。

(6) 与 PLC 安装在同一控制柜内，虽不是由 PLC 控制的感性元件，也应并联 RC 或二极管消弧电路。

3. 正确的接地

良好的接地是 PLC 安全可靠运行的重要条件。为了抑制干扰，PLC 一般最好单独接地，与其他设备分别使用各自的接地装置。也可以采用公共接地，但禁止使用串联接地方式，因为这种接地方式会产生 PLC 与设备之间的电位差。PLC 的接地线应尽量短，使接地点尽量靠近 PLC。同时，接地电阻要小于 100 Ω，接地线的截面应大于 2 mm²。

另外，PLC 的 CPU 单元必须接地，若使用了 I/O 扩展单元等，则 CPU 单元应与它们具有共同的接地体，而且从任一单元的保护接地端到地的电阻都不能大于 100 Ω。

4. 必需的安全保护环节

1) 短路保护

当 PLC 输出设备短路时，为了避免 PLC 内部输出元件损坏，应该在 PLC 外部输出回路中装上熔断器，进行短路保护。最好在每个负载的回路中都装上熔断器。

2) 互锁与联锁措施

除在程序中保证电路的互锁关系，PLC 外部接线中还应该采取硬件的互锁措施，以确保系统安全可靠地运行，如电动机正反转控制，要利用接触器 KM1、KM2 常闭触点在 PLC 外部进行互锁。在不同电机或电器之间有联锁要求时，最好也在 PLC 外部进行硬件联锁。采用 PLC 外部的硬件进行互锁与联锁，这是 PLC 控制系统中常用的做法。

3) 失压保护与紧急停车措施

PLC 外部负载的供电线路应具有失压保护措施，当临时停电再恢复供电时，不按下启动按钮，PLC 的外部负载就不能自行启动。这种接线方法的另一个作用是，当特殊情况下需要紧急停机时，按下停止按钮就可以切断负载电源，而与 PLC 毫无关系。

5. 必要的软件措施

有时硬件措施不一定能完全消除干扰的影响，采用一定的软件措施加以配合，对提高 PLC 控制系统的抗干扰能力和可靠性会起到很好的作用。

1) 消除开关量输入信号抖动

在实际应用中，有些开关的输入信号接通时，由于外界的干扰会出现时通时断的抖动现象。这种现象在继电器系统中由于继电器的电磁惯性一般不会造成什么影响，但在 PLC 系统中，由于 PLC 扫描工作的速度快，扫描周期比实际继电器的动作时间短得多，所以抖动信号就可能被 PLC 检测到，从而造成错误的结果。因此，必须对某些抖动信号进行处理，以保证系统正常工作。

2) 故障的检测与诊断

PLC 的可靠性很高且本身有很完善的自诊断功能，如果 PLC 出现故障，借助自诊断程序可以方便地找到故障的原因，排除后就可以恢复正常工作。

大量的工程实践表明，PLC 外部输入/输出设备的故障率远远高于 PLC 本身的故障率，而这些设备出现故障后，PLC 一般不能觉察出来，可能使故障扩大，直至强电保护装置动作后才停机，有时甚至会造成设备和人身事故。停机后，查找故障也要花费很多时间。为了及时发现故障，在没有酿成事故之前使 PLC 自动停机和报警，也为了方便查找故障，提高维修效率，可用 PLC 程序实现故障的自诊断和自处理。

现在的 PLC 拥有大量的软件资源，如 FX2N 系列 PLC 有几千点辅助继电器、几百点定时器和计数器，有相当大的裕量，可以把这些资源利用起来，用于故障检测。

3) 消除预知干扰

某些干扰是可以预知的，如 PLC 的输出命令使执行机构(如大功率电动机、电磁铁)动作，常常会伴随产生火花、电弧等干扰信号，它们产生的干扰信号可能使 PLC 接收错误的信息。在容易产生这些干扰的时间内，可用软件封锁 PLC 的某些输入信号，等干扰易发期过去后，再取消封锁。

6. 采用冗余系统或热备用系统

某些控制系统(如化工、造纸、冶金、核电站等)要求有极高的可靠性，如果控制系统出现故障，由此引起停产或设备损坏将造成极大的经济损失。因此，仅仅通过提高 PLC 控制系统的自身可靠性是满足不了要求的。在这种要求极高可靠性的大型系统中，常采用冗余系统或热备用系统来有效解决上述问题。

所谓冗余系统，是指系统中有备用的部分，没有它系统照样工作，但在系统出现故障时，备用的部分能立即替代故障部分而使系统继续正常运行。冗余系统一般是在控制系统中最重要的部分(如 CPU 模块)采用两套相同的硬件，当某一套出现故障时立即由另一套来控制。是否使用两套相同的 I/O 模块，取决于系统对可靠性的要求程度。

复习思考题

6.1 车间有三个门，在三个门口都安装有开关，用于控制车间内灯的亮与灭。试用逻辑设计法来设计 PLC 控制程序。

6.2 有三个灯，分别用红、黄、绿来表示。红灯亮 1 s 后自动灭，黄灯亮 1 s 后自动灭，绿灯亮 1 s 后自动灭，过 1 s 后红、黄、绿三个灯同时亮 1 s，再同时灭 1 s。如此循环，试用时序控制法编制梯形图。

6.3 按启动按钮，指示灯就亮。按停止按钮 5 s 后指示灯灭。如果按停止按钮不到 5 s，再按启动按钮，指示灯继续亮，要再按停止按钮过 5 s 指示灯才灭。编制梯形图。

6.4 用定时器实现指示灯间隔闪烁控制。按下启动按钮，指示灯先在 1 s 内闪烁 2 次，然后指示灯自动灭 1 s。如此循环。

6.5 某酒店的自动门，内、外侧各装有一个红外探测器 K1 及 K2，为保险起见，在开门及关门处安装了限位开关 K3 和 K4。控制要求：

(1) 当有人由内到外或由外到内通过光电检测开关 K1 或 K2 时，开门执行机构 KM1 动作，电动机正转；当达到开门限位开关 K3 位置时，电动机停止运行。

(2) 自动门在开门位置停留 8 s 后，自动进入关门过程，关门执行机构 KM2 被启动，电动机反转；当门移动到关门限位开关 K4 位置时，电动机停止运行。

(3) 在关门过程中，若有人通过光电检测开关 K1 或 K2，应立即停止关门，并自动进入开门程序。

(4) 在门打开后的 8 s 等待时间内，有人通过光电检测开关 K1 或 K2 时，必须重新开始等待 8 s，再自动进入关门过程，以保证人员安全。

(5) 开门与关门不可同时进行，PLC 开机后使门处于关闭状态。

要求写出 I/O 分配表及控制梯形图。

第 7 章　GX Works2 软件的使用

7.1　PLC 编程软件概述

　　GX Works2 是三菱电机推出的综合 PLC 编程软件，是用于三菱 PLC 程序设计、调试、维护的编程工具，具有简单工程(Simple Project)和结构化工程(Structured Project)两种编程方式，支持梯形图、指令表、SFC、ST 及结构化梯形图等编程语言。GX Works2 软件具备程序编辑、参数设定、网络设定、程序监控、仿真调试、在线更改及智能功能模块设置等功能，适用于三菱 Q、QnU、L、FX 系列可编程控制器，兼容 GX Developer 软件。GX Works2 支持三菱电机工控产品 iQ Platform 综合管理软件 iQ Works，具有系统标签功能，可实现 PLC 与 HMI、运动控制器的数据共享。GX Works2 软件安装后的图标如图 7-1 所示。

图 7-1　软件安装后图标

7.2　GX Works2 软件安装

　　下载 GX Works2 安装压缩包(软件在不断升级更新中，下载适用的版本)，关闭杀毒软件后解压文件，在管理员模式下点击如图 7-2 所示的 setup.exe 安装文件，输入公司等名称，输入序列号，选择安装路径，点击"确定"后安装。在安装的最后阶段提示需要安装两个驱动文件，点击"安装"按钮进行安装。

名称	日期	类型	大小
data1.hdr	2013/5/16 15:34	图片文件(.hdr)	579 KB
data2.cab	2013/5/16 15:35	WinRAR 压缩文件	107,495 KB
engine32.cab	2013/5/16 15:36	WinRAR 压缩文件	542 KB
GXW2.txt	2013/5/16 15:36	文本文档	1 KB
Information.txt	2013/5/16 15:36	文本文档	3 KB
layout.bin	2013/5/16 15:36	媒体文件(.cue)	1 KB
setup.exe	2013/5/16 15:36	应用程序	119 KB
setup.ibt	2013/5/16 15:36	IBT 文件	460 KB
setup.ini	2013/5/16 15:36	配置设置	1 KB
setup.inx	2013/5/16 15:36	INX 文件	333 KB
序列号.txt	2013/1/7 11:14	文本文档	1 KB

图 7-2　解压后的文件

7.3　梯　形　图　编　辑

7.3.1　新建或打开工程

打开 GX Works2 软件，点击"工程"中的"新建"按钮，或点击如图 7-3 所示的新建工程图标，打开新建工程对话框。选择如图 7-4 所示的各项参数，点击"确定"即可进入梯形图编辑状态，如图 7-5 所示。

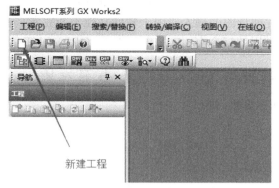

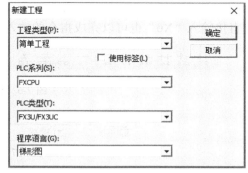

图 7-3　新建工程　　　　　　　　　　　　　　　图 7-4　新建工程对话框

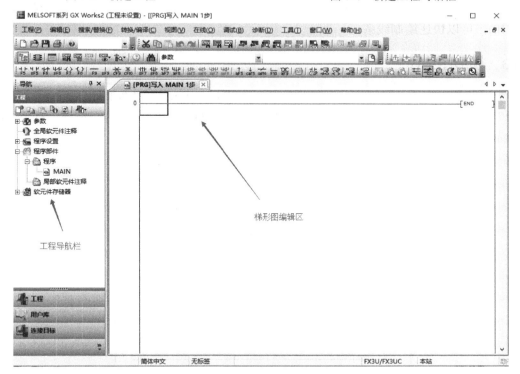

图 7-5　GX Works2 软件界面

　　若原先已经有 GX Works2 文件，可点击"打开工程"按钮打开文件。若已经有 GX Developer 等其他格式文件，可点击"工程"中的"打开其他格式数据"下的"打开其他格式工程"。工程编辑完成后点击"保存"按钮对工程进行保存，保存的格式为*.GXW。

　　也可对工程进行打印，使用打印机将梯形图打印出来。打印机设置与其他格式的文档打印时设置类似。

7.3.2　梯形图输入

　　梯形图的输入可借助梯形图编辑按钮，如图 7-6 所示。点击相应的图标按钮或借助功能键激活，也可直接输入指令代号，如 LD 等，出现如图 7-7 所示的指令输入对话框，指令输入完成后点击"确定"按钮即可完成一行梯形图的输入。由于软件功能不断完善，其至直接输入"X0"也可以完成指令的输入。常用的指令有 LD、LDI、OR、ORI、OUT 等。

图 7-6　梯形图编辑按钮

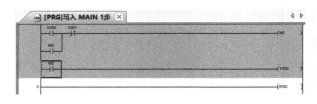

图 7-7　直接输入指令

　　当梯形图输入错误时，可用鼠标点击元件，用"DELETE"键将图形删除；或点击元件，右击鼠标，选择"编辑"条目下的相应指令进行操作。GX Works2 提供了画线写入功能(F10)，可以快速绘制线条。

7.3.3　梯形图编译

　　完成梯形图输入后，梯形图呈现灰色状态(未编译状态)，如图 7-8 所示。点击"转换/编译"菜单下的"转换"按钮，或直接按"F4"键，对梯形图进行编译。编译后梯形图将不显示灰色，表明程序已经编译完成，如图 7-9 所示。

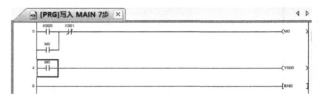

图 7-8　梯形图未编译状态

图 7-9　梯形图已经编译

当需要将梯形图转化为指令表时，可以右击程序导航栏中的程序中的"MAIN"，选择"写入至 CSV 文件"，如图 7-10 所示。也可点击"编辑"下拉菜单，找到"写入至 CSV 文件"进行操作。跳出的对话框可以选择文件的保存路径及名称等，如图 7-11、图 7-12 所示。

图 7-10　梯形图转指令表　　　　　　　　图 7-11　CSV 文件保存地址设置

图 7-12　CSV 文件保存文件名

7.4　主控指令和主控复位指令编制

打开三菱 PLC 软件，在左母线右侧双击鼠标，在"梯形图输入"对话框中输入"LD X001"，在 X001 软元件后双击鼠标输入主控触点指令"MC N0 M0"。其中，N0 表示嵌套编号，使用次数无限制；M0 是主控指令的触点，当 X001 为 ON 时，M0 闭合，左母线接通。

在左母线中任意输入一步简单程序，用 X002 控制 Y001 输出。

一个主控触点指令中的 MC 与 MCR 配套使用，MCR 之后的程序恢复接通左母线，不受主控指令控制。

通过模拟测试可以看到：只接通 X002 时 Y001 是没有输出的，只有当主控指令为 ON 时，才可以通过 X002 控制 Y001 的输出。

同时可以看到，MCR 之后的指令已经不受主控指令控制，当 X000 不接通时，同样可以通过 X002 控制 Y002。梯形图如图 7-13 所示。

图 7-13　包含主控指令的梯形图

梯形图中主控指令输入完毕后，对梯形图进行编译。点击读取模式，梯形图中的断点就自动生成了，如图 7-14 所示。

图 7-14　断点的形成

7.5　程　序　模　拟

GX Works2 已经集成了 GX Developer2 模拟软件，可以对编译过的梯形图进行 PLC 模拟运行。点击"调试"菜单下的"模拟开始/停止"按钮，或点击图标后出现程序模拟写入 PLC 提示界面，如图 7-15 所示。

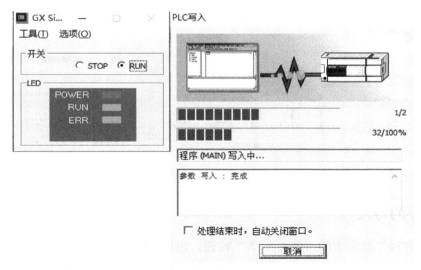

图 7-15　程序写入

程序写入完成后，常闭触点会显示蓝色(接通)状态。此时，可对程序中的软元件、位元件进行调试。点击"调试"菜单下的"当前值改变"，输入软元件名称，在"数据类型"中选择"Bit"项，按"ON"或"OFF"按钮，可观察到输出线圈的状态，如图 7-16 所示。在"数据类型"中选择"Double Word"项，对位元件进行更改。

图 7-16　软元件模拟

7.6　程 序 写 入

7.6.1　PLC 连接目标设置

为了能将程序写入 PLC 中，必须先让编程软件能与 PLC 进行通信，对连接目标中的计算机侧、PLC 侧的网络等进行设置。

在导航窗口单击"连接目标"，在出现"当前连接目标"后双击，出现图 7-17 所示的视窗。单击左上角图标，出现图 7-18 所示所示的窗口，正确选择 PLC 与计算机之间的串口号，设置传输速度(串口号可通过点击我的电脑→管理→设备管理器进行查询)。参数设

置完成后，点击"通信测试"，显示通信正常后点击"确定"按钮。此时，GX Works2 与
PLC 实现了连接。

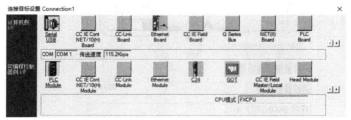

图 7-17　设置计算机侧及 PLC 侧的 I/F 参数　　　　图 7-18　计算机侧 I/F 参数设置

7.6.2　程序的写入

点击"在线"菜单下的"PLC 写入"按钮，出现如图 7-19 所示的窗口。选择所需写
入的内容(一般点击第一项：参数+程序)，PLC 的 CPU 模块的开关设置为"STOP"位置，
将程序写入 PLC 中，完成后软件会有相应的提示。如开关一直处于"RUN"位置，程序
写入过程中会有两个对话框出现。

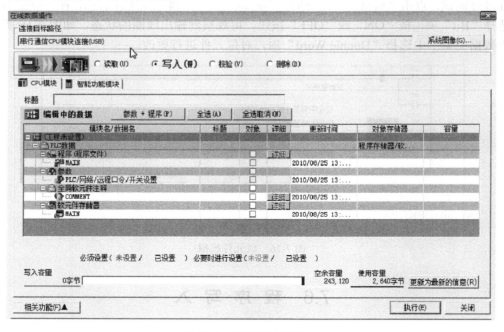

图 7-19　PLC 程序的写入

7.6.3　程序的读取

程序读取是与程序写入过程相反的操作，是将 PLC 中原有程序下载到编程软件中。将
PLC 的 CPU 模块的开关设置为"STOP"，点击"在线"菜单下的"PLC 读取"按钮，出
现如图 7-20 所示的窗口。选择所需读取的内容(一般点击第一项：参数+程序)，将 PLC 中
的程序读取到 GX Works2 中，完成后软件会有相应的提示。

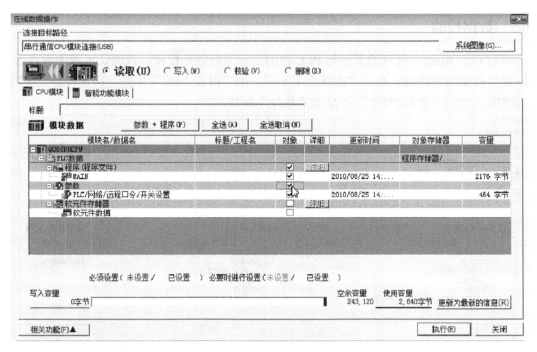

图 7-20　PLC 程序的读取

7.6.4　运行监视

在 PLC 中写入程序后，GX Works2 软件可对 PLC 的运行状况进行监视。点击"在线"下的"监视"按钮，或点击监视图标，显示画面如图 7-21 所示。右上角区域的监视状态对话框会亮显。

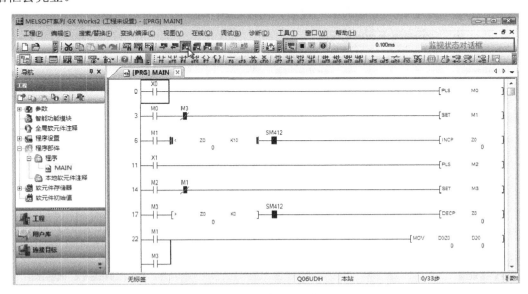

图 7-21　监视画面

7.6.5　数据校验

可对 GX Works2 打开的工程与 PLC 内的工程进行数据校验，以确认工程的内容是否相同以及程序的更改处。点击"在线"菜单栏下的"PLC 校验"按钮，出现如图 7-22 所示的画面。点击"参数+程序"，点击"执行"按钮。

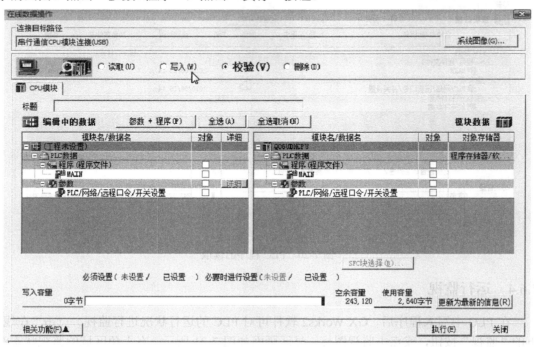

图 7-22　PLC 数据校验

当出现不一致项后，可点击不一致项，出现如图 7-23 所示的对话框。

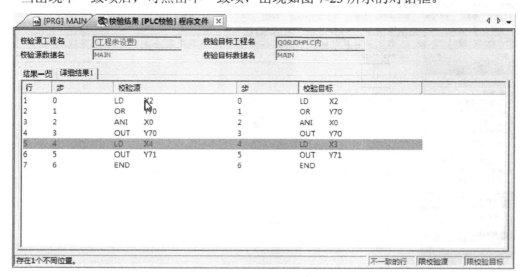

图 7-23　不一致项

7.7　程　序　注　释

对程序进行注释，有三种方式，分别是软元件注释、声明和注解。点击"视图"，勾选"注释显示"，如图 7-24 所示。

勾选"注释显示"后，在程序中会将行距拉大，点击软元件，将梯形图输入栏的第二个图案点击激活，点击"确定"后就可以对软元件进行注释了，如图 7-25 所示。第二种方法是激活"软元件注释编辑"按钮，双击软元件，即可输入注释。

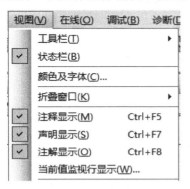

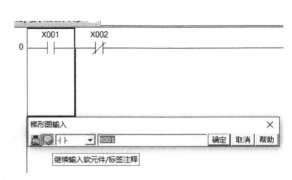

图 7-24　勾选注释、声明、注解　　　　　　　7-25　注释的输入方法

有时发现行间距很大，影响了画面显示内容，此时可以点击"工具"→"选项"→"程序编辑器"→"梯形图"→"注释"，在"行数"栏中选择"1"，以节约画面空间，如图 7-26 所示。

图 7-26　改变注释的行数

声明一般是对一段程序进行的，以解释本段程序的功能，一般写于某一段程序前，即写于主母线左侧。激活"声明编辑"按钮，双击要输入声明的位置，即可输入注释，如图 7-27 所示。

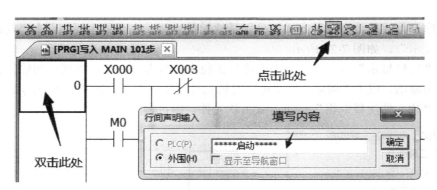

图 7-27　声明的输入

复习思考题

7.1　将题 7.1 图所示的梯形图输入到 GX Works2 软件中，并进行模拟调试。

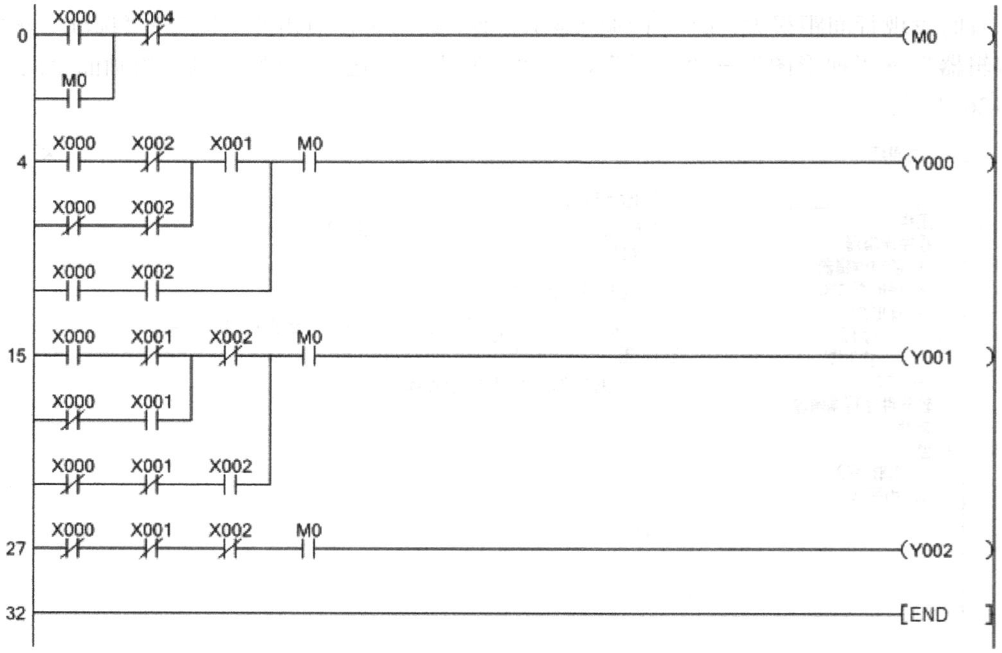

题 7.1 图

7.2　将题 7.2 图所示的梯形图输入到 GX Works2 软件中，并对编程软元件进行注释。

```
     X000
0    ├─┤├─────────────────────────────────────────────[MOV   K3    K1Y000 ]
     启动按钮                                                           星形或角
                                                                       形接法

     Y000                                                                K100
6    ├─┤├─────────────────────────────────────────────────────────────(T0    )
     星形或角                                                           星形延时
     形接法

     T0
10   ├─┤├─────────────────────────────────────────────[MOV   K5    K1Y000 ]
     星形延时                                                           星形或角
                                                                       形接法

     X001
16   ├─┤├─────────────────────────────────────────────[MOV   K0    K1Y000 ]
     停止按钮                                                           星形或角
                                                                       形接法

22   ├───────────────────────────────────────────────────────────────[END   ]
```

题 7.2 图

第 8 章　三菱 FX3U 系列 PLC 步进控制

8.1　PLC 的步进指令

在工业控制领域中，许多的控制过程都可用顺序控制的方式来实现，步进指令是专为顺序控制而设计的指令。使用步进指令实现顺序控制既方便实现，又便于阅读修改。FX系列 PLC 有两条步进指令，本节将介绍步进指令及其应用。

1. 步进指令(STL、RET)

FX3U 中有两条步进指令：STL(步进触点指令)和 RET(步进返回指令)。

STL 和 RET 指令只有与状态器 S 配合才能具有步进功能。如 STL S200 表示状态常开触点，称为 STL 触点，它在梯形图中的符号为 ⊣├，它没有常闭触点。用每个状态器 S 记录一个工步，例 STL S200 有效(为 ON)，则进入 S200 表示的一步(类似于本步的总开关)，开始执行本阶段该做的工作，并判断进入下一步的条件是否满足。一旦结束本步信号为 ON，则关断 S200 进入下一步，如 S201 步。RET 指令是用来复位 STL 指令的。执行 RET 后将重回母线，退出步进状态。

2. 状态转移图

一个顺序控制过程可分为若干个阶段，也称为步或状态，每个状态都有不同的动作。当相邻两状态之间的转换条件得到满足时，就将实现转换，即由上一个状态转换到下一个状态执行。常用状态转移图(功能表图)描述这种顺序控制过程。状态转移图是顺序控制编程思想的图形化表现。如图 8-1 所示，用状态器 S 记录每个状态，X1 和 X2 为转换条件。如当 X1 为 ON 时，则系统由 S20 状态转为 S21 状态。

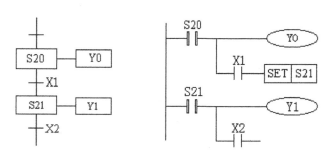

图 8-1　状态转移图与步进指令

状态转移图中的每一步包含三个内容：本步驱动的内容、转移条件及指令的转换目标。如图 8-1 中 S20 步驱动 Y0，当 X1 有效为 ON 时，则系统由 S20 状态转为 S21 状态，X1 即为转换条件，转换的目标为 S21 步。

3. 步进指令的使用说明

(1) STL 触点是与左侧母线相连的常开触点，某 STL 触点接通，则对应的状态为活动步。

(2) 与 STL 触点相连的触点应用 LD 或 LDI 指令，只有执行完 RET 后才返回左侧母线。

(3) STL 触点可直接驱动或通过别的触点驱动 Y、M、S、T 等元件的线圈。

(4) 由于 PLC 只执行活动步对应的电路块，所以使用 STL 指令时允许双线圈输出(顺控程序在不同的步可多次驱动同一线圈)。

(5) STL 触点驱动的电路块中不能使用 MC 和 MCR 指令，但可以用 CJ 指令。

(6) 在中断程序和子程序内，不能使用 STL 指令。

8.2　状态转移图的编辑

创建新建工程对话框时，如图 8-2 所示，工程类型下拉列表中选择"简单工程"，PLC 系列下拉列表框中选择"FXCPU"，PLC 类型下拉列表框中选择"FX3U/FX3UC"，在程序类型项中选择"SFC"，点击"确定"按钮。

继续弹出如图 8-3 所示的 0 号块信息设置窗口，在块标题文本框中可以填入相应的块标题(也可以不填)，0 号块一般作为初始程序块，选择"梯形图块"，点击"执行"按钮。

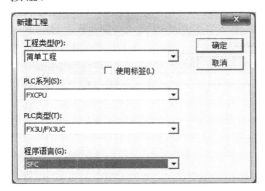
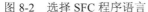

图 8-2　选择 SFC 程序语言

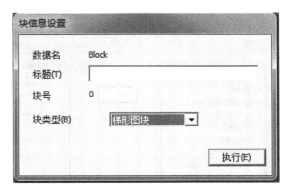

图 8-3　选择梯形图块

在块类型中为什么要选择梯形图块？这是因为在 SFC 程序中初始状态必须是激活的，激活的方法是利用一段梯形图程序，而且这一段梯形图程序必须是放在 SFC 程序的开头部分。点击"执行"按钮弹出梯形图编辑窗口，如图 8-4 所示，在右边梯形图编辑窗口中输入启动初始状态的梯形图，本例中利用 PLC 的一个辅助继电器 M8002 的上电脉冲使初始状态生效。初始化梯形图的编辑形式如图 8-5 所示，输入完成单击"转换/编译"菜单下的"转换"按钮，或按 F4 快捷键，完成 0 号块中梯形图的变换。

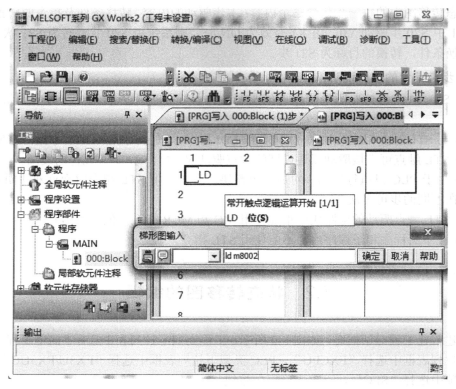

图 8-4　梯形图编辑窗口

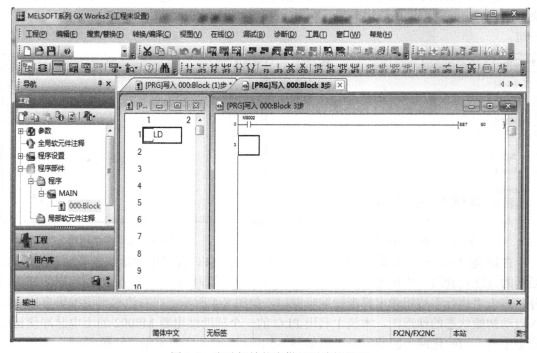

图 8-5　启动初始状态梯形图编辑界面

如果想使用其他方式启动初始状态，只需要改动图 8-4 中的启动脉冲 M8002 即可。如果还有其他多种方式启动初始化，只需将触点进行并联即可。需要说明的是，在每一个 SFC 程序中至少有一个初始状态，且初始状态必须在 SFC 程序的最前面。在 SFC 程序的编制过程中，每一个状态中的梯形图编制完成后必须进行变换，才能进行下一步工作，否则弹出出错信息，如图 8-6 所示。

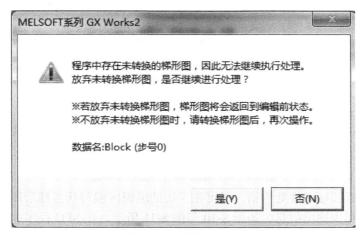

图 8-6　出错信息窗口

编辑完成 0 号块的初始梯形图程序后，编辑 1 号块 SFC 程序。右击工程数据列表窗口中的"程序"→"MAIN"，选择"新建数据"，弹出新建数据设置，如图 8-7 所示。点击"确定"按钮，弹出 1 号块信息设置对话框，如图 8-8 所示。在块类型中选择 SFC 块。点击"执行"按钮，进入 1 号块 SFC 编程界面，如图 8-9 所示。

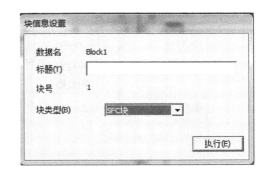

图 8-7　新建数据设置对话框　　　　　　　　图 8-8　块信息设置对话框

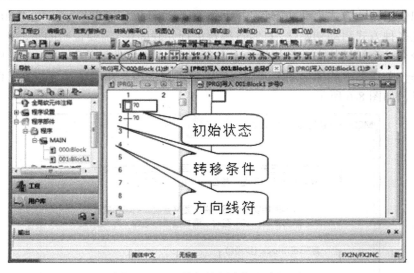

图 8-9　SFC 编程编写内部程序界面

　　光标在状态或转移条件处停留，即可在左边的编辑区编写状态梯形图，在右边的编辑区编写转移条件和步输出信息，如图 8-10 与图 8-11 所示。在 SFC 程序中每一个状态或转移条件都是以 SFC 符号的形式出现在程序中，每一种 SFC 符号都对应有图标和图标号。下面输入使状态发生转移的条件：在 SFC 程序编辑窗口将光标移到第一个转移条件符号处（见图 8-9 标注），在右侧梯形图编辑窗口输入使状态转移的梯形图。T0 触点驱动的不是线圈，而是 TRAN 符号，意思是表示转移（Transfer），在 SFC 程序中所有的转移用 TRAN 表示，不能用 SET+S□语句表示。编辑完一个条件后按 F4 快捷键进行转换，转换后梯形图由原来的灰色变成亮白色，再看 SFC 程序编辑窗口中 1 前面的问号（？）不见了。下面输入下一个工步：在左侧的 SFC 程序编辑窗口中把光标下移到方向线底端，按工具栏中的工具按钮 F5 或单击 F5 快捷键弹出步输入设置对话框，如图 8-11 所示。再按工具栏中的工具按钮 F5 或单击 F5 快捷键弹出转移条件输入设置对话框，如图 8-12 所示。

图 8-10　SFC 编程编写状态转移条件界面

图 8-11　步输入设置对话框

图 8-12　转移条件输入对话框

　　输入图标号后点击"确定"，这时光标将自动向下移动，此时看到步图标号前面有一个问号（？），这表示对此步还没有进行梯形图编辑内容；同样右边的梯形图编辑窗口是灰色的不可编辑状态，如图 8-13 所示。

图 8-13　有"？"表示没编辑内容

　　下面对工步进行梯形图编程：将光标移到步符号处(在步符号处单击)，此时再看右边的窗口变成了可编辑状态，在右侧的梯形图编辑窗口中输入梯形图，此处的梯形图是指程序运行到此工步时要驱动哪些输出线圈，本例中要求工步 20 驱动输出线圈 Y0 以及线圈 T0。用相同的方法把控制系统的一个周期编辑完，最后要求系统能周期性地工作，所以在 SFC 程序中要有返回原点的符号。在 SFC 程序中用 🔲(JUMP)加目标号进行返回操作，如图 8-14 所示。输入方法是把光标移到方向线的最下端，按 F8 快捷键或者点击 🔲 按钮，在弹出的对话框中填入跳转的目的步号，单击"确定"按钮。

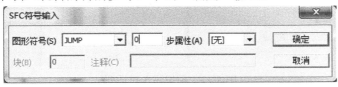

图 8-14　跳转符号输入

输入完跳转符号后，在 SFC 编辑窗口中可以看到有跳转返回的步符号的方框中多了一个小黑点儿，这说明此工步是跳转返回的目标步，这为阅读 SFC 程序也提供了方便，如图 8-15 所示。编好完整的 SFC 程序，先进行"转换(所有程序)"的操作，可以用菜单选择或热键 Shift+Alt+F4，只有全部转换程序后才可进行调试程序，如图 8-16 所示。

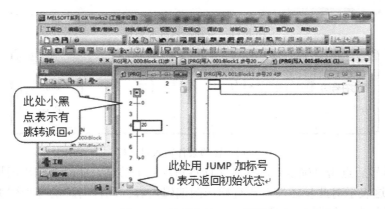

图 8-15　编辑完的 SFC 程序

图 8-16　程序转换

编写完成的程序可以在线调试，也可以离线仿真调试。点击"模拟开始/停止"按钮，会弹出如图 8-17 所示的模拟写入对话框，写入完成后有相应提示，表示程序已经写入到虚拟 PLC 中。

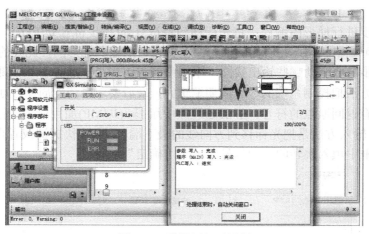

图 8-17　模拟写入对话框

由于软元件大都编制在转移条件中，点击软元件不方便，建议使用"软元件/缓冲存储器批量监视"功能，在这里进行改变输入量的当前值，并观察输出功能是否实现。

以上介绍了单一序列的 SFC 程序的编制方法，了解了 SFC 程序中状态符号及转移条件的输入方法。在模拟运行时也可以进行实时监控，调试监控界面如图 8-18 所示。

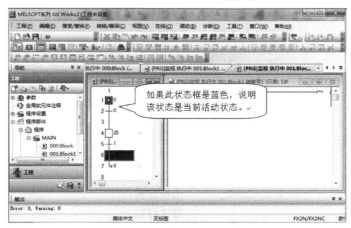

图 8-18　调试监控界面

8.3　SFC 并行流程图编辑

状态转移图除了有单一序列的 SFC 以外，还有并行序列 SFC。当转换条件满足时，会导致几个序列同时激活，这些序列称为并行序列。为了表达转换的同步实现，连线用双水平线表示。如图 8-19 所示为并行序列功能表图及其梯形图程序，并行序列的开始称也称为分支，如图中 X1。当 S0 处于活动步时，若 X1 条件满足，同时激活 S31 步及 S33 步。并行序列的结束称为合并(汇合)，当直接连在双线上的所有前级步 S32、S34 都处于活动状态，并且转换条件 X4 满足时，才会发生转移，激活 S35 步。

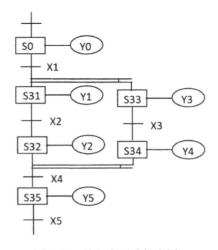

图 8-19　并行序列功能表图

在 GX Works2 软件中，输入并行分支有两种方法。

方法一：控制要求 X1 触点接通状态发生转移，将光标移到条件 0 方向线的下方，单击工具栏中的并行分支写入按钮 或者按 ALT+F8 快捷键，使并行分支写入按钮处于按下状态。在光标处按住鼠标左键横向拖动，直到出现一条细蓝线，放开鼠标，这样一条并行分支线就被输入，如图 8-20 所示。注意：在用鼠标操作进行画线写入时，只有出现蓝色细线时才可以放开鼠标，否则输入失败。

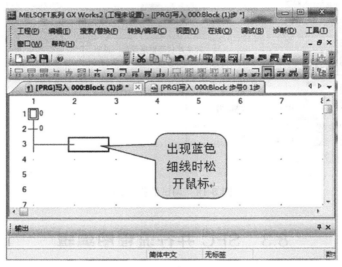

图 8-20　并行分支线方法一

方法二：并行分支线的输入也可以采用另一种方法输入。双击转移条件 1，弹出 SFC 符号输入对话框，如图 8-21 所示。在图标号下拉列表框中选择第三行"= =D"项，单击"确定"按钮返回，一条并行分支线被输入。并行分支线输入以后，如图 8-22 所示。

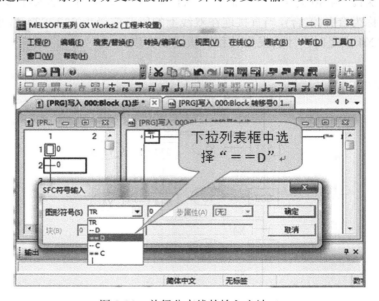

图 8-21　并行分支线的输入方法二

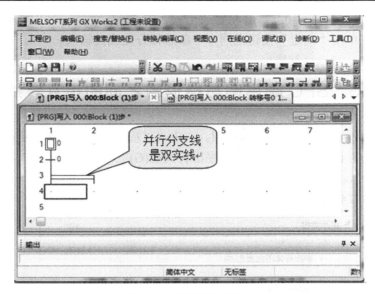

图 8-22   并行分支线输入

8.4   SFC 选择流程图编辑

此外，状态转移图还有选择序列的 SFC。当转换条件满足时，只激活对应的序列，这些序列称为选择序列。其他序列将不再执行。如图 8-23 所示为选择分支。

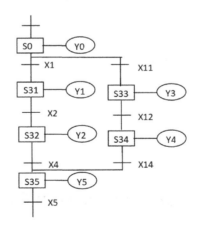

图 8-23   选择序列功能表图

在 GX Works2 软件中，输入选择分支有两种方法。

方法一：控制要求 X1 触点接通状态发生转移，将光标移到条件 0 方向线的上方，单击工具栏中的选择分支写入按钮 或者按 ALT+F7 快捷键，使选择分支写入按钮处于按下状态。在光标处按住鼠标左键横向拖动，直到出现一条细蓝线，放开鼠标，这样一条选择分支线就被输入。注意：在用鼠标操作进行画线写入时，只有出现蓝色细线时才可以放开鼠标，否则输入失败。

方法二：双击转移条件 0，弹出 SFC 符号输入对话框。在图标号下拉列表框中选择第三行"--D"项，单击"确定"按钮返回，一条选择分支线被输入。

8.5 SFC 顺序图与梯形图之间的相互转换

编辑完成的顺序图可以转化为梯形图。点击"工程"→"工程类型更改"，出现如图 8-24 所示画面的对话框。点选"更改程序语言类型(G)"，点击"确定"，双击导航栏中"MAIN"，即可显示梯形图。

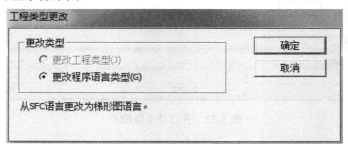

图 8-24　顺序图转梯形图

同理，用顺序图转化得到的梯形图还可以返回顺序图。点击"工程"→"工程类型更改"，出现如图 8-25 所示画面的对话框。点选"更改程序语言类型(G)"，点击"确定"，双击导航栏中"MAIN"中 0 号块或 1 号块程序。

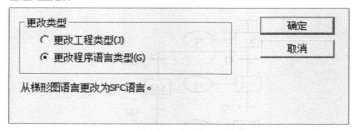

图 8-25　梯形图转顺序图

8.6 SFC 编程时的注意事项

1. 输出驱动的保持性

状态内的动作分为保持型和非保持型。使用 SET 指令的为保持型，即使状态发生转移，输出仍然保持为 ON，直到使用 RST 指令使其复位。使用 OUT 指令驱动的则为非保持型，状态发生转移，马上自动复位。

2. 状态转移的动作时间

步进指令在状态转移过程中，有一个扫描周期的时间是两种状态都处于激活状态。因此，对某些不能同时接通的输出，除了在硬件电路上设置互锁环节外，在步进梯形图上也应设置互锁环节，如图 8-26 所示。

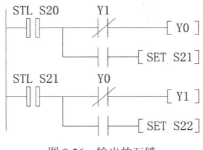

图 8-26 输出的互锁

3. 双线圈处理

由于步进梯形图工作过程中，只有一个状态被激活(并行性分支除外)，因此，可以在不同的状态中使用同样编号的输出线圈。

对于定时器和计数器，可以在不同的编号状态中使用相同编号的定时器和计数器。但是，相邻的两个状态在一个扫描周期中会同时接通，如在相邻两个状态使用同一编号的定时器和计数器会发生错误。所以，同一编号的定时器和计数器不能出现在相邻的两个状态中，如图 8-27 所示。

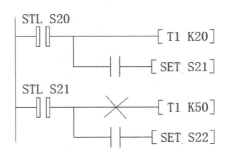

图 8-27 定时器处理

4. 输出驱动的次序

在状态母线内，输出有直接驱动和触点驱动两种。步进梯形图编程规定，无触点输出应先编程，一旦有触点输出编程后，则其后不能再对无触点输出编程。可以将两个输出次序调换一下，如图 8-28 所示。也可以在无触点输出前插入常闭触点，如图 8-29 所示。

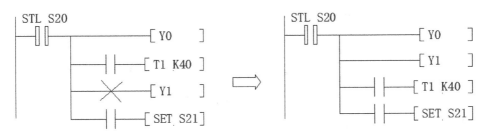

图 8-28 输出驱动的次序

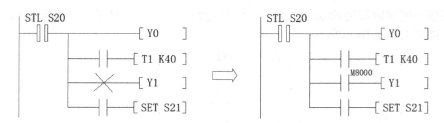

图 8-29　插入常闭触点

5. 停电保持

在许多机械设备中，控制要求在失电再得电后能够继续失电前的运行状态，或希望在运转中能停止工作以备检测、调换工具等，再启动运行时也能继续以前的状态运转。这时，状态元件需使用停电保持型元件。具体元件见表 8-1。

表 8-1　FX2N 状态元件

初始状态	IST 指令用	通　　用	报警用
S0～S9	S10～S19	S20～S899 （S500～S899 为停电保持型）	S900～S999

6. 停止的处理

"停止"功能是所有控制系统所必须具备的。在 PLC 控制系统中，停止可以由外部电路进行处理，也可以由 PLC 控制程序进行处理，也可以两者结合进行。停止的处理分两类：一类是暂停，这是控制过程中要求的正常停止；另一类是紧急停止，这是非正常停止，但也是控制系统所必须具备的功能。当控制过程因违规操作、设备故障、干扰等发生了意外时，如不能及时停止，则可能造成产品质量事故、设备事故、人身安全事故等，此时必须马上停止所有的输出或断电保护。

1) 外部电路处理紧急停止

在外部设计启保停电路，利用继电器触点控制 PLC 的供电电源和 PLC 输出负载电源的通断，达到紧急停止的目的，控制电路如图 8-30 所示。

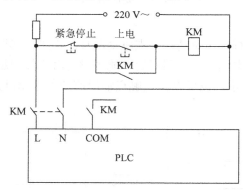

图 8-30　紧急停止的外部电路处理

2) PLC 内部程序处理停止

PLC 内部有两个特殊继电器，见表 8-2，它们的状态与 PLC 的停止功能有关。

表 8-2　与停止功能有关的特殊继电器

编号	功能	用途
M8034	禁止输出	M8034 为 ON 时，PLC 的所在输出触点在执行 END 指令后断开
M8040	禁止转移	M8040 为 ON 时，禁止在所有状态之间转移，但激活状态内的程序仍然运行，输出仍然执行

梯形图块编辑的紧急停止处理程序(写在梯形图起始部位或状态转移图的 0 号块中)，如图 8-31 所示。

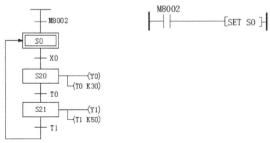

图 8-31　PLC 内部程序处理停止

复 习 思 考 题

8.1　将题 8.1 图所示的状态转移图输入到 GX Works2 软件中，并进行模拟调试。

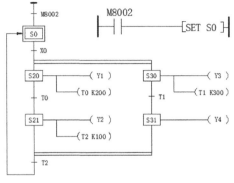

题 8.1 图

8.2　将题 8.2 图所示的并行状态转移图输入到 GX Works2 软件中，并进行模拟调试。

题 8.2 图

8.3　小车在初始状态时停在中间，限位开关 X0 为 ON，按下启动按钮 X3，小车按题 8.3 图所示的顺序运动，最后返回停在初始位置。试设计状态转移图。

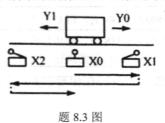

题 8.3 图

第 9 章 三菱 FX3U 系列 PLC 的功能指令

9.1 功能指令概述

早期的 PLC 只具有逻辑控制功能,利用 PLC 中的软元件(如输入继电器、输出继电器、定时器、计数器等)的集合取代接触器控制系统,后来在发展过程中,人们希望加强 PLC 技术的应用。因此,从 20 世纪 80 年代以后小型 PLC 也加入一些功能指令或者称为应用指令,这些指令实际上是一些功能不尽相同的子程序,有了这些应用指令,PLC 的使用价值和使用范围更为广泛。

一般来说,功能指令可以分为数据传送指令、数据转换指令、比较指令、四则运算指令、逻辑指令、特殊函数指令、旋转指令、移位指令等 18 类指令(见附录 C)。

1. 功能指令的表示形式

功能指令一般由助记符、指令代码、操作数等组成。例如,求平均值的功能指令的助记符、指令代码、操作数和程序步如表 9-1 所示。

表 9-1 功能指令的助记符、指令代码、操作数和程序步

指令名称	助记符	指令代码 (功能号)	操作数			程序步
			S	D	N	
平均值	MEAN	FNC45	KnX、KnY、KnS、KnM、T、C、D	KnX、KnY、KnS、KnM、T、C、D	K、H N=1~64	MEAN MEAN(P): 7

2. 功能指令的执行形式

功能指令的执行形式可以分为两种,一种是脉冲执行型,另一种是连续执行型。比如图 9-1 所示的梯形图中,MOV 表示传送指令,在 MOV 后面加个 P,表示这个指令的执行形式是属于脉冲执行型,即当 X0 接通时,程序把 D10 的数据传送到 D12 中,不管 X0 接通时间多长,程序仅传送数据一次;如果没有加 P 就表示连续执行型,即当 X1 接通时,程序把 D10 的数据传送到 D12 中,在 X1 接通期间,每个扫描周期都要执行一次。

图 9-1 程序执行形式

3. 位元件、组合位元件和字元件

在程序中，只处理 ON/OFF 状态的元件，称为位元件，如 X、Y、M、S 等；其他处理数据的元件，如 T、C、D、V、Z 等，称为字元件。

将位元件由 Kn 加首元件号进行组合，组成字元件，也可以处理数据，称为组合位元件或位元件组合。

组合位元件的组合规律是以 4 位为一组组合成单元。K1～K4 为 16 位运算，K5～K8 为 32 位运算。例如 K1X0 表示 X3～X0 的 4 位组合，X0 为最低位。K4M10 则表示 M25～M10 的 16 位组合，M10 为最低位。K8M100 则表示 M131～M100 的 32 位组合，M100 为最低位。

9.2　程序流向控制指令

程序流向控制指令是用来改变程序的执行顺序，包括程序的条件转移、中断、调用子程序、循环等。

1. 条件转移指令

条件转移指令的助记符、指令代码、操作数和程序步如表 9-2 所示。

表 9-2　条件转移指令的助记符、指令代码、操作数和程序步

指令 名称	助记符	指令代码 (功能号)	操作数	程序步
			D	
条件 转移	CJ	FNC00	FX1S：P0～63 FX1N、FX3U/NC：P0～127 FX3U/UC：P0～P4095	CJ、CJ(P)：3 步 标号 P：1 步

当 X0 接通时，程序转移至标记行继续执行，跳过第 2 行。当 X0 不接通时，程序第 1 行无效，程序从第 2 行开始执行。在转移过程中，如果 Y、M、S 被 OUT、SET、RST 指令驱动使输入发生变化，那么仍保持转移前的状态。例如，在通过 X1 驱动 Y0 后发生转移，在转移过程中即使 X0 变为 ON，但输出 Y0 仍有效。程序形式如图 9-2 所示。

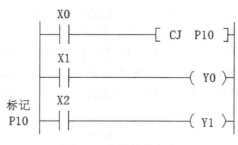

图 9-2　条件转移程序

2. 子程序调用与返回指令

子程序调用与返回指令的助记符、指令代码、操作数和程序步如表 9-3 所示。

表 9-3　子程序调用指令的助记符、指令代码、操作数和程序步

指令名称	助记符	指令代码(功能号)	操作数	程序步
			D	
子程序调用	CALL	FNC01	指针 P0～62 嵌套 5 级	CALL：3 步 标号 P：1 步
子程序返回	SRET	FNC02	无	1 步

指令格式如图 9-3 所示。

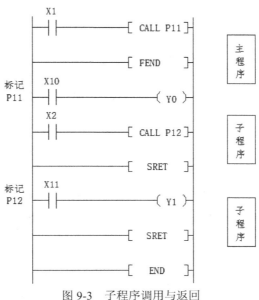

图 9-3　子程序调用与返回

3. 中断指令

FX3U 系列 PLC 有两类中断，即外中断和内部定时器中断。外中断信号从输入端子送入，可用于外部随机突发事件引起的中断。内部定时器中断是内部中断，是因定时器时间引起的中断。

FX3U 系列 PLC 有如下三条中断指令：

中断允许指令 EI：对可以响应中断的程序段用中断允许指令 EI 来开始。

中断禁止指令 DI：对不允许中断的程序段用中断指令 DI 来禁止。

中断返回指令 IRET：从中断服务子程序中返回时必须用专门的中断返回指令 IRET，不能用子程序返回指令 SRET。

中断指令的助记符、指令代码、操作数和程序步如表 9-4 所示。

表 9-4　中断指令的助记符、指令代码、操作数和程序步

指令名称	助记符	指令代码 (功能号)	操作数	程序步
			D	
中断返回	IRET	FNC03	无	1 步
中断允许	EI	FNC04	无	1 步
中断禁止	DI	FNC05	无	1 步

指令应用格式如图 9-4 所示。

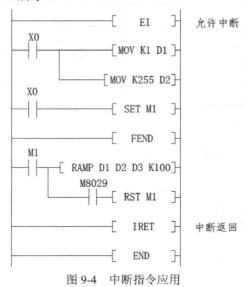

图 9-4　中断指令应用

4. 主程序结束指令

主程序结束指令的助记符、指令代码、操作数和程序步如表 9-5 所示。

表 9-5　主程序结束指令的助记符、指令代码、操作数和程序步

指令名称	助记符	指令代码 (功能号)	操作数 D	程序步
主程序结束	FEND	FNC06	无	1 步

该指令用于区分主程序和子程序的关系。

9.3　比　较　指　令

传送比较指令包括数据比较、传送、交换和变换,共 10 条,指令代码从 FNC10～FNC19。这部分指令属于基本的应用指令,使用非常普及。

1. 比较指令

比较指令的助记符、指令代码、操作数和程序步如表 9-6 所示。

表 9-6　比较指令的助记符、指令代码、操作数和程序步

指令名称	助记符	指令代码 (功能号)	操作数			程序步
			S1	S2	D	
比较指令	CMP	FNC10	K、H、KnX、KnY、KnS、KnM、 T、C、D、V、Z		Y、S、M	CMP、CMPP：7 步 DCMP、DCMPP：13 步

比较指令的应用格式如图 9-5 所示。当 X0 断开后不再执行 CMP 指令,但 M10～M12 仍保持 X0 断开前的状态。想要清除比较结果,可使用复位指令。

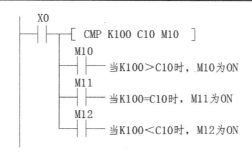

图 9-5　比较指令格式

2. 区间比较指令

区间比较指令是相对两点的设定值进行大小比较的指令，区间比较指令的助记符、指令代码、操作数和程序步如表 9-7 所示。

表 9-7　区间比较指令的助记符、指令代码、操作数和程序步

指令名称	助记符	指令代码(功能号)	操作数				程序步
			S1	S2	S3	D	
区间比较	ZCP	FNC11	K、H、KnX、KnY、KnS、KnM、T、C、D、V、Z			Y、S、M	ZCP、ZCPP：9 步 DZCP、DZCPP：17 步

比较指令应用格式如图 9-6 所示。当 X10 断开后不再执行 ZCP 指令，但 M0～M2 仍保持 X10 断开前的状态。想要清除比较结果，可使用复位指令。

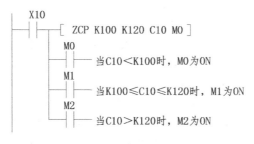

图 9-6　区间比较指令格式

9.4　传　送　指　令

传送指令 MOV 是将源操作数传送到目标操作数，该指令的助记符、指令代码、操作数和程序步如表 9-8 所示。

表 9-8　传送指令的助记符、指令代码、操作数和程序步

指令名称	助记符	指令代码(功能号)	操作数		程序步
			S1	D	
传送指令	MOV	FNC12	K、H、KnX、KnY、KnS、KnM、T、C、D、V、Z	KnY、KnS、KnM、T、C、D、V、Z	MOV、MOVP：5 步 DMOV、DMOVP：9 步

如图 9-7 所示，当 X10 接通时，程序将 K100 传送到 D10 中。传送指令是对数据寄存器写入数据的指令。

```
      X10
    ───┤├──────────────────[ MOV K100 D10 ]

        (K100) → (D10)
```

图 9-7　传送指令格式

9.5　移位传送指令

移位传送指令的功能是将[S]的第 m1 位开始的 m2 个数移位到[D]的第 n 位开始的 m2 个位置去，m1、m2 和 n 取值均为 1～4。分开的 BCD 码重新分配组合，一般用于多位 BVD 拨盘开关的数据输入。

移位传送指令 SMOV 是将源操作数传送到目标操作数，该指令的助记符、指令代码、操作数和程序步如表 9-9 所示。

表 9-9　移位传送指令的助记符、指令代码、操作数和程序步

指令名称	助记符	指令代码(功能号)	操作数					程序步
			M1	M2	n	S	D	
移位传送	SMOV	FNC13	K、H			KnX、KnY、KnS、KnM、T、C、D、V、Z	KnY、KnS、KnM、T、C、D、V、Z	SMOV、SMOVP：16 步

当 X0 导通时，执行移位传送指令，如图 9-8 所示。源操作数[S]内的 16 位二进制数自动转换成 BCD 码，然后将源操作数(4 位 BCD 码)的右起第 m1 位开始，向右数 m2 位的数，传送到目标操作数(4 位 BCD 码)的右起第 n 位开始，向右数共 m2 位上去，最后自动将目标操作数[D]中的 4 位 BCD 码转换成 16 位二进制数。

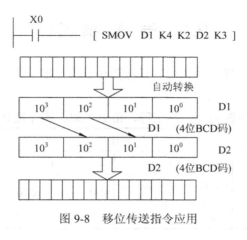

图 9-8　移位传送指令应用

9.6　取反传送指令

取反传送指令 CML 是将源操作数按二进制的位逐位取反后传送到指定目标软元件中，该指令的助记符、指令代码、操作数和程序步如表 9-10 所示。

表 9-10　取反传送指令的助记符、指令代码、操作数和程序步

指令名称	助记符	指令代码(功能号)	操作数		程序步
			S1	D	
取反传送	CML	FNC14	K、H、KnX、KnY、KnS、KnM、T、C、D、V、Z	KnY、KnS、KnM、T、C、D、V、Z	CML、CMLP：5 步DCML、DCMLP：9 步

程序格式如图 9-9 所示。

图 9-9　取反传送指令格式

功能：当驱动条件成立时，将源址 S 所指定的数据或数据存储字元件按位取反后传送至终址 D。

例如，解读指令执行功能：CML K25 D10。

执行功能如图 9-10 所示。

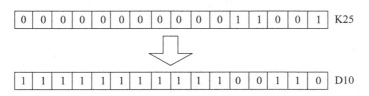

图 9-10　取反传送指令应用

例 1：要将 8 个霓虹灯接在 Y0～Y7 上，要实现 1 s 内间隔交替闪烁的功能，则可利用 CML 命令。梯形图如图 9-11 所示。

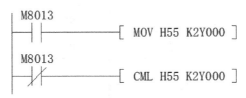

图 9-11　取反传送指令应用

例 2：有 16 个小彩灯，安装在 Y0～Y15 上，要求每隔 1 s 间隔交替闪烁，利用 CML 指令编写控制程序。按启动按钮开始闪烁，按停止按钮停止闪烁。梯形图如图 9-12 所示。

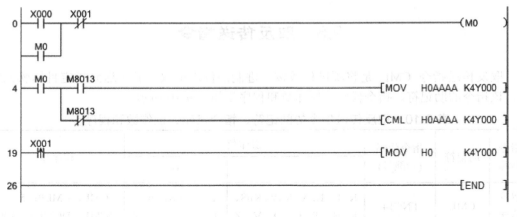

图 9-12　案例梯形图

9.7　触点比较指令

触点比较指令相当于一个触点，执行时比较源操作数[S1]、[S2]，满足比较条件则触点闭合，源操作数可以取 K 和 D。以 LD 开始的触点比较指令接在左母线上，以 AND 开始的触点比较指令相当于串联触点，以 OR 开始的触点比较指令相当于并联触点。指令前面加 D 表示 32 位指令，如 DLD 为 32 位指令，其他指令类同。触点比较指令的助记符、命令名称见表 9-11。

表 9-11　触点比较指令的助记符、命令名称

助记符	命令名称	助记符	命令名称
LD=	[S1]=[S2]时运算开始的触点接通	AND<>	[S1]≠[S2]时串联触点接通
LD>	[S1]>[S2]时运算开始的触点接通	AND<=	[S1]≤[S2]时串联触点接通
LD<	[S1]<[S2]时运算开始的触点接通	AND>=	[S1]≥[S2]时串联触点接通
LD<>	[S1]≠[S2]时运算开始的触点接通	OR=	[S1]=[S2]时并联触点接通
LD<=	[S1]≤[S2]时运算开始的触点接通	OR>	[S1]>[S2]时并联触点接通
LD>=	[S1]≥[S2]时运算开始的触点接通	OR<	[S1]<[S2]时并联触点接通
AND=	[S1]=[S2]时串联触点接通	OR<>	[S1]≠[S2]时并联触点接通
AND>	[S1]>[S2]时串联触点接通	OR<=	[S1]≤[S2]时并联触点接通
AND<	[S1]<[S2]时串联触点接通	OR>=	[S1]≥[S2]时并联触点接通

例如要达到如下要求：接通 X0 计数，当 D0 中的值大于 4 时 Y0 接通，当 D0 中的值小于或等于 4 时不接通，X1 接通则复位 D0。梯形图如图 9-13 所示(图中的 INC 为加 1 指令)。

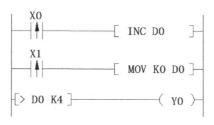

图 9-13　触点比较指令应用

9.8　区间复位指令

区间复位指令 ZRST 是将指定范围内的同类元件成批复位,复位的含义一般是将目标元件清零。梯形图如图 9-14 所示。该指令的助记符、指令代码、操作数和程序步见表 9-12。

图 9-14　区间复位指令格式

表 9-12　传送指令的助记符、指令代码、操作数和程序步

指令名称	助记符	指令代码(功能号)	操作数		程序步
			D1	D2	
区间复位指令	ZRST	FNC40	Y、M、S、T、C、D	Y、M、S、T、C、D	ZRST、ZRSTP：5 步

如图 9-15 所示,当 X0 接通时,程序将相应的同类元件的指定区间元件进行复位。

```
 X0
─┤ ├───────┤ ZRST M0 M30 ├   位元件M0～M30成批复位
       │
       ├───┤ ZRST C0 C40 ├   字元件C0～C40成批复位
       │
       └───┤ ZRST S0 S50 ├   状态S0～S50成批复位
```

图 9-15　区间复位指令应用

9.9　BCD 变换指令

数据变换指令包括二进制数转换成 BCD 码并传送 BCD 码指令,和 BCD 码转换为二进制数并传送二进制数指令。

BCD 变换指令的格式如图 9-16 所示。

当驱动条件成立时，BCD 变换指令将[S.]内的二进制数据转换成 BCD 码并送到[D.]中。

图 9-16　BCD 指令格式

9.10　BIN 变换指令

BIN 变换指令的格式如图 9-17 所示。

当驱动条件成立时，BIN 变换指令将[S.]中的 BCD 码转换成二进制数并传送到[D.]中。此指令与 BCD 变换指令相反，用于将软元件中的 BCD 码转换成二进制数。

图 9-17　BIN 指令格式

四则运算(+、−、×、÷)与增量指令、减量指令等 PLC 内的运算都用 BIN 码进行，因此，PLC 在用数字开关获取 BCD 码信息时，要用 BIN→BCD 转换指令。

9.11　加 法 指 令

加法指令将两个源操作数相加，结果放到目标元件中。加法(ADD)变换指令的格式如图 9-18 所示。ADD 指令是将源操作数[S1.]与[S2.]中的二进制数据相加并传送到目标操作数[D.]中去。

图 9-18　ADD 指令格式

9.12　减 法 指 令

减法指令将两个源操作数相减，结果放到目标元件中。减法(SUB)变换指令的格式如图 9-19 所示。SUB 指令是将源操作数[S1.]与[S2.]中的二进制数据相减并传送到目标操作数[D.]中去。

图 9-19　SUB 指令格式

9.13　乘 法 指 令

乘法指令将两个源操作数相乘，结果放到目标元件中。乘法(MUL)变换指令的格式如图 9-20 所示。

MUL 指令是将源操作数[S1.]与[S2.]中的二进制数据进行代数乘法运算并传送到目标操作数[D.]中去。对于 16 位数据运算，则[S1.]×[S2.]→[D.+1，D.]。

图 9-20　MUL 指令格式

对于 32 位数据运算，则[S1.+1，S1.]×[S2.+1，S2.]→[D.+3，D.+2，D.+1，D.]。

9.14　除　法　指　令

除法指令将两个源操作数相除，结果放到目标元件中。

除法(DIV)变换指令的格式如图 9-21 所示。

图 9-21　DIV 指令格式

DIV 指令是将源操作数[S1.]与[S2.]中的二进制数据进行有符号除法，并将相除的商和余数送入指定的目标软元件[D.]中去。对于 16 位数据运算，则[S1.]÷[S2.]的商放在[D.]，而余数放在[D.+1]中。对于 32 位数据运算，则[S1.+1，S1.]÷[S2.+1，S2.]的商放在[D.+1，D.]，而余数放在[D.+3，D+2]中。

例 3：某控制程序中要进行以下算式运算：20X/14+16。其中"X"代表输入端口 K2X000 送入的二进制数。运算结果需送输出口 K2Y000，X000 为启停开关。梯形图如图 9-22 所示。

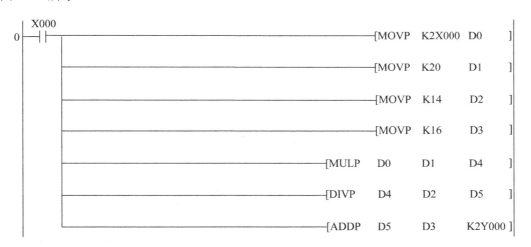

图 9-22　加法、乘法和除法指令的应用

图 9-21 中，当 X000 接通时，先将 K2X000 的内容传送到 D0 中，再将 K20、K14 和 K16 传送到 D1、D2 和 D3 中，最后进行乘法、除法和加法计算，结果存放在 K2Y000 中。所用传送和算术运算指令均使用脉冲执行型指令。

9.15　加 1 指令和减 1 指令

加 1 指令为 INC[D.]，减 1 指令为 DEC[D.]。INC 指令的功能是将指定的目标操作数增加 1，DEC 指令的功能是将指定的目标操作数减去 1。指令用法如图 9-23 所示。

```
     X000
0 ───┤├────────────────────────────────────[MOVP  K10  D10 ]
      │
      └─────────────────────────────────────[MOVP  K20  D20 ]

     X001
12 ──┤├────────────────────────────────────────[INCP  D10 ]

     X002
17 ──┤├────────────────────────────────────────[DECP  D20 ]
```

图 9-23　加 1、减 1 指令的应用

16 位运算时，如果 +32 767 加 1 变成 −32 768，标志位不置位；32 位运算时，如果 +2 147 483 647 加 1 变成 −2 147 483 648，标志位不置位。在连续执行型指令中，每个扫描周期都执行运算，所以一般采用输入信号的上升沿触发运算一次。

16 位运算时，如果 −32 768 再减 1 变成 +32 768，标志位不置位；32 位运算时，−2 147 483 648 再减 1 变成 +2 147 483 647，标志位不置位。

9.16　示教定时器指令

示教定时器指令的格式如图 9-24 所示。

图 9-24　示教定时器指令格式

操作数内容与取值见表 9-13。

表 9-13　操作数内容与取值表

操作数	内容与取值
D.	保存驱动为 ON 时间的存储地址，占用两个点
n	时间计时的倍率或其存储器地址，n=K0～K2

指令执行功能如图 9-25 所示。当驱动条件成立时，开始计时，计时过程中的计时当前值存放在 D+1 中；当驱动条件不成立时，计时结束，计时结果 t0 存放在单元 D 中，而 D+1 的数据被清零。

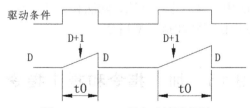

图 9-25　TTMR 指令功能示意图

其中，计时时间 t0 以秒为单位进行计时，D 或 D+1 中的数据可以是 t0 的倍数值。D 中的数值 Kn 与时间倍率 n 的关系见表 9-14。

表 9-14　Kn 与时间倍率的关系

Kn	n
K0	$1 \times t0$
K1	$10 \times t0$
K2	$100 \times t0$

可利用示教定时器指令来对一般定时器进行定时时间的示教设定。

例 4：按下示教按钮 X000，按下的时间被记录，用于开机延时。按下启动按钮 X001，开机延时输出 Y000，延时时间为刚才的示教时间。按下停止按钮 X002，Y000 无输出。

示教定时器指令如为[TTMR　D100　K1]，设 X000 按下 1 s，则 D100 中数据为 10，T0 的定时时间为 10×100 ms = 1 s。梯形图如图 9-26 所示。

图 9-26　示教功能应用

上述梯形图程序执行时，先长按 X000，程序记录下按动的时间，将时间传输给定时器设定值，按下 X001 进行延时开机。按 X000 时间越长，延时开机时间越长。

另外，还可以利用示教定时器指令来设计一个长按键功能。所谓长按键，就是要长时间按住才能起作用的键，一般用于开机或关机键。设计成长按键是为了防止误操作。例如：按启动按钮 X000，输出 Y000；长按停止按钮 X001 超过 3 s 以上则关闭 Y000。这个功能与延时关机有一定的区别，即其必须按住 X001 不放开超过 3 s 才能起作用，而延时关机则只要按动一下就可以。其梯形图可按图 9-27 所示的进行设计。由于 X001 接通时间一直存放在 D100 中，为了下一次的程序的可执行性，可利用 X001 的下降沿脉冲输出指令，将D100 中的数据清零。

图 9-27　长按键梯形图设计

9.17　斜　坡　指　令

斜坡指令格式如图 9-28 所示。

图 9-28　斜坡指令格式

操作数内容与取值见表 9-15。

表 9-15　操作数内容与取值

操作数	内容与取值
S1.	斜坡初始值指定存储地址
S2.	斜坡结束值指定存储地址
D.	斜坡输出当前值存储地址，占用两个点
n	完成斜坡输出的扫描周期数或其存储器地址，n 不能用 0

指令含义：当驱动条件成立时，按照 n 所指定的扫描周期数内，D 由 S1 指定的初始值变化到 S2 所指定的结束值。指令执行如图 9-29 所示。

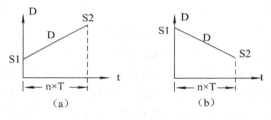

图 9-29　RAMP 指令执行功能图示

指令有两种工作模式：重复工作方式、保持工作方式。对于特殊辅助寄存器 M8026 为 OFF，则为重复工作方式；如果 M8026 为 ON，则为保持工作方式，如图 9-30 所示。

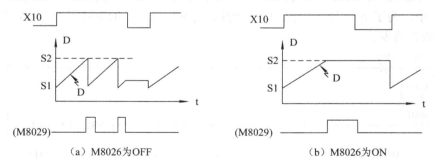

图 9-30　RAMP 指令执行两种模式时序图

斜坡指令一般需工作在恒定扫描周期方式下。其设定的方法如下：

将扫描周期时间写入 D8039 数据寄存器，该扫描周期时间稍大于实际值，再令 M8039 置 ON，则 PLC 进入恒扫描周期的运行方式。

设恒定扫描周期为 t，则执行斜坡指令的斜坡执行时间为 t×n。

例 5：在步进电机控制中，斜坡指令常与 PLSY 指令一起用来控制步进电机的软启动与软停止。设定其斜坡执行时间为 2 s，恒定扫描周期为 20 ms，则 n=(2 s/20 ms)=100。程序中的斜坡指令为[RAMP D10 D11 D0 K100]。梯形图如图 9-31 所示。

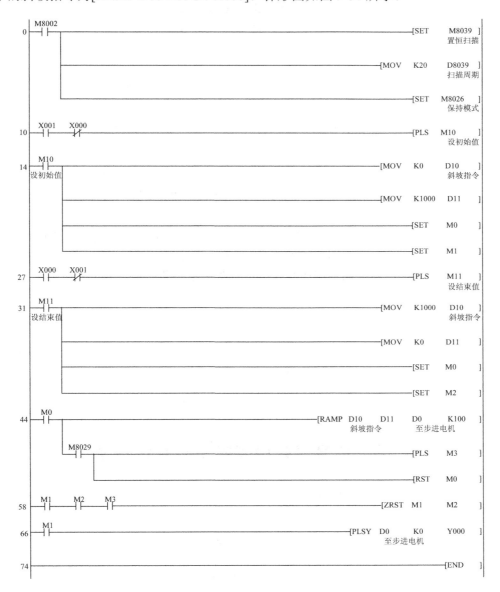

图 9-31 步进电机的软启动与软停止程序

9.18 特殊定时器指令

特殊定时器指令格式如图 9-32 所示。

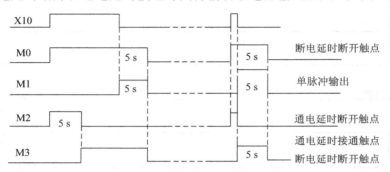

图 9-32　特殊定时器指令格式

当驱动条件成立时，可以获得以 T0 所指定定时器的值 K50 为参考的断电延时断开、单脉冲、通电延时断开和通电延时接通等四种辅助继电器输出触点，如图 9-33 所示。

图 9-33　特殊定时器输出功能

例 6：用定时器实现楼梯灯的亮与灭。按启动按钮 X0 时楼梯灯就亮，30 s 后楼梯灯 Y0 自动灭。如果在 30 s 内，再按启动按钮，就重新计时，到 30 s 后指示灯自动灭。如图 9-34 所示。明显看出，这个梯形图比纯粹用定时器指令要简单一点。

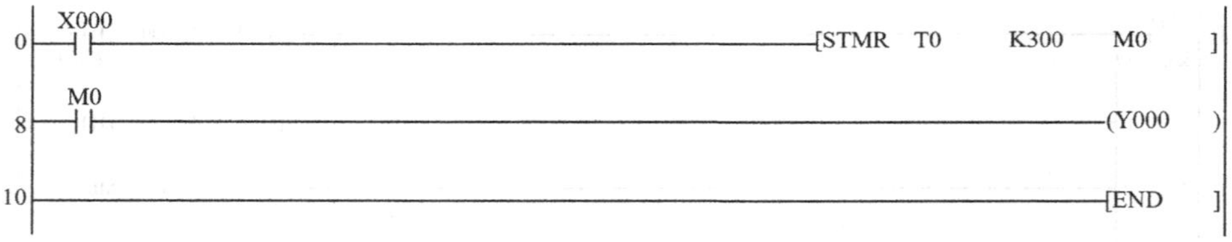

图 9-34　特殊定时器实现输出

9.19　信号报警设置指令与复位指令

信号报警设置指令格式如图 9-35 所示。

图 9-35　信号报警设置指令格式

S.——判断故障发生时间的定时器编号，T0～T199；

M——定时器的定时设定值或其存储字元件地址，m=1～32767(单位 100 ms)；

D.——设定的信号报警位元件，S900～S999。

功能含义：当驱动条件成立的时间大于由 S 所设置的定时器的定时时间(定时时间=m×100 ms)时，则报警信号位元件 D 为 ON。

相关的特殊软元件，见表 9-16。

表 9-16　与指令相关的特殊软元件

编号	名　称	功能与用途
M8049	信号报警监视继电器	M8049 置 ON 后，D8048 才能保存报警元件 S 的编号，M8048 才能置 ON
M8048	信号报警继电器	仅当 M8049 为 ON 且 S900～S999 中任一位元件动作时，M8048 才置 ON，M8048 是触点利用型特殊继电器
D8048	信号报警状态继电器最小位元件编号	仅保存 S900～S999 中动作的最小位元件编号且内容随 ANR 指令执行一次修改一次
S900～S999	信号报警用状态继电器	共 100 个，在信号报警设置指令 ANS 中设置。如果指令 ANS 执行中该继电器被接通的话，则指令的驱动条件断开后状态继电器仍保持接通状态(相当于被 SET 置位)，仅能用 RST 指令和信号报警复位指令 ANR 对其进行复位

信号报警复位指令格式如图 9-36 所示。

图 9-36　信号报警复位指令格式

功能含义：当驱动条件每成立一次时，对信号报警状态继电器 S900～S999 中已经置 ON 的编号最小的 S 状态继电器进行复位。D8049 寄存器始终保存未复位的信号报警器的编号。了解信号报警器的编号，就可以知道故障源的所在。

ANR 指令仅对已经排除故障源的信号报警器复位有效。不能对故障源未排除的信号报警器(引起信号报警器置 ON 的条件仍然成立)进行复位。

也可以利用此指令进行长按键设计。例如某电路，按 X000 启动，长按 5 s 停止按钮 X001 关闭，则梯形图如图 9-37 所示。

图 9-37　信号报警设置指令的应用

9.20　7 段码显示指令

7 段码显示指令的梯形图如图 9-38 所示。

图 9-38　SEGD 指令梯形图

操作数与取值见表 9-17。

表 9-17　操作数与取值

操作数	内容与取值
S.	存放译码数据或其存储字元件地址，其低 4 位存十六进制数 0~F
D.	7 段码存储字元件地址，其低 8 位存 7 段码，高 8 位为 0

指令含义：当驱动条件成立时，把 S 中所存放低 4 位十六进制数编译成相应的 7 段显示码保存在 D 中的低 8 位。

[S.]的可用软元件有 KnX、KnY、KnM、KnS、T、C、D、V、Z，常数可用 K 和 H。

[D.]的可用软元件有 KnY、KnM、KnS、T、C、D、V、Z。

一般采用组合位元件 K2Y 作为指令的终址，这样，只要在输出口 Y(如 Y0~Y6)接上 7 段显示器，可直接显示源址中的十六进制数。7 段显示器有共阳极和共阴极二种结构，如果 PLC 的晶体管输出为 NPN 型，则应选用共阳极 7 段显示器，PNP 型则选用共阴极。

一个 SEGD 指令只能控制一个 7 段显示器，且要占用 8 个输出口，如果要显示多位数，占用的输出口点数更多。显然在实际控制中，很少采用这样的方法。

9.21　7 段码锁存显示指令

7 段码锁存显示指令的梯形图如图 9-39 所示。

图 9-39　SEGL 指令梯形图

操作数与取值见表 9-18。

表 9-18　操作数与取值

操作数	内容与取值
S.	需显示的数据或其存储字元件地址，范围 0~9999
D.	7 段码显示管所接输出口位元件首址，占用 8 个点
n	PLC 与 7 段码显示管的逻辑选择，K0~K7

指令含义：当驱动条件成立时，如 n=K0~K3，把 S 中的二进制数(0~9999)转换成 BCD 码数据，采用选通方式依次将每一位数输出到连接在(D)~(D+3)输出口上带锁存 BCD 译码器的 7 段数码管显示。如 n=K4~K7，把 S 和 S+1 两组二进制数转换成 BCD 码数据，采用选通方式分别送到连接在(D)~(D+3)输出口上第 1 组和连接在(D+4)~(D+7)输出口上第 2 组的带锁存 BCD 译码器的 2 组数码管显示。

[S.]的可用软元件有 KnX、KnY、KnM、KnS、T、C、D、V、Z，常数可用 K 和 H。

[D.]的可用软元件只有 Y。常数 n 可用 K 和 H。

1. 外部接线与输出时序

分两种情况：

(1) n= K0～K3，输出 1 组 4 位 7 段数码管。其对应指令如图 9-40 所示。

图 9-40　SEGL 指令 1 组输出

由于指令的输出是 8421BCD 码，因此，不能直接和 7 段数码管相连接，中间必须有 BCD 码-7 段码的译码器。接线图如图 9-41 所示。

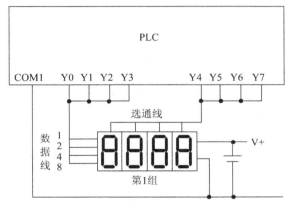

图 9-41　SEGL 指令 1 组输出接线图

Y0～Y3 为数据线输入口，Y4～Y7 为相应的选通并锁存信号输出口。当 X10 接通后把 D0 中的数转换成 BCD 码并从 Y0～Y3 依次对每一位数进行输出，根据相应位的选通信号送入相应位的 7 段数码管锁存显示。

(2) n=K4～K7，这时，输出 2 组 4 位 7 段数码管，接线图如图 9-42 所示。这时，除了把 D0 中的数据送到第 1 组的 4 个数码管，还把 D1 中的数据转换成 BCD 码，从 Y10～Y13 依次对每一位数据进行输出，并根据相应位的选通信号 Y4～Y7 送入第 2 组相应位的 7 段数码管锁存及显示。

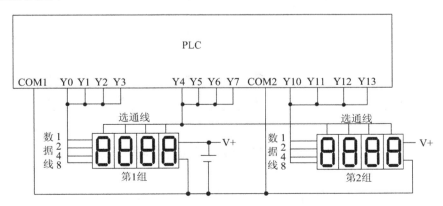

图 9-42　SEGL 指令 2 组输出接线图

2. 应用注意

(1) 更新 1 组或 2 组的 4 位数字的显示时间为 PLC 扫描周期的 2 倍。

(2) 驱动条件为 ON 时，指令重复执行输出过程；当驱动条件为 OFF 时，马上中断输出。当驱动条件再次为 ON 时，重新开始执行输出，选通信号依次执行后，结束标志 M8029 置 ON。

(3) 如果实际应用位不是 4 位，则相应的选通信号口 Y4～Y7 可以空置，但不能用于他用。

(4) SEGL 指令与 PLC 的扫描周期同步执行。为执行一连串的显示，PLC 的扫描周期应大于 10 ms。如不满足 10 ms，需使用恒定扫描模式，设定扫描周期大于 10 ms。梯形图程序如图 9-43 所示。

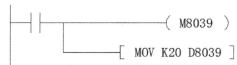

图 9-43　恒定扫描模式的设定

(5) 执行 SEGL 指令需选择晶体管输出型 PLC。

3. 关于参数 n 的设置

SEGL 指令格式中操作数 n 的设置比较复杂，它不仅与外接 7 段数码管的组别有关，还与 PLC 输入逻辑(正/负)、7 段数码管显示器的数据信号输入的逻辑(正/负)及其选通信号的逻辑(正/负)有关，表 9-19 列出了 n 的取值与它们之间的关系。

表 9-19　n 取值逻辑关系表

PLC 晶体管输出类型		数码管数据输入		选通信号输入		n 取值	
PNP	NPN	高电平	低电平	高电平	低电平		
正逻辑	负逻辑	正逻辑	负逻辑	正逻辑	负逻辑	1 组	2 组
●		●		●		0	4
●		●			●	1	5
●			●	●		2	6
●			●		●	3	7
	●	●		●		3	7
	●	●			●	2	6
	●		●	●		1	5
	●		●		●	0	4

9.22　看门狗 WDT 定时器指令

在 PLC 内部有一个由系统自行启动的定时器，称为监视定时器，俗称看门狗。它用于监视 PLC 程序的运行周期时间，一旦超出系统设定值，CPU 出错，LED 灯亮并停止所有输出。

FX 系列 PLC 的看门狗设定值为 200 ms，一旦超出，看门狗定时器出错。

扫描时长超出 200 ms 程序的运行解决方法：

(1) 为了使运行周期超过 200 ms 的程序能够顺利运行，可使用监视定时器刷新指令 WDT。如图 9-44 所示，当 WDT 指令的驱动成立时，刷新监视定时器当前值，使当前值为 0。

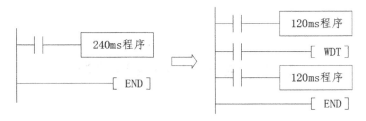

图 9-44 WDT 指令的应用

(2) 第二种方法就是修改监视定时器的设定值，其设定值存放于特殊数据寄存器 D8000 中，这个数据可被修改，修改方法如图 9-45 所示。

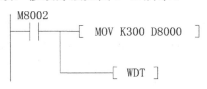

图 9-45 WDT 指令的应用

上述梯形图是把时间修改为 300 ms，在其下加了 WDT 指令，表示定时时间由这里开始启动监视，如果不加 WDT 指令，则修改后的监视定时时间要等到下一个扫描周期才开始生效。

复习思考题

9.1 用定时器和比较指令实现楼梯灯的亮与灭。按下启动按钮 X0，灯 Y0 亮，30 s 后自动灭。如在 30 s 内再次按 X0，则重新计时，30 s 后自动灭。编制梯形图。

9.2 利用区间比较指令设计跑马灯程序。按启动按钮开始，每隔 1 s 8 个灯依次点亮，按停止按钮都不亮。

9.3 按启动按钮 X0，Y0 有输出；同时按住 X1 和 X2 两键超过 3 s，则 Y0 无输出。编制 PLC 程序。

9.4 利用取反指令编写程序。2 个灯交替闪烁控制，2 个灯都以 1 个循环 2 s 的频率交替闪烁。

9.5 用加 1 指令或减 1 指令，做单按钮启动和停止程序。

9.6 用 1 个按钮控制 3 个指示灯。按一次启动按钮就有 1 个指示灯亮，等 3 个指示灯全亮后，再按停止按钮，指示灯就一个接着一个灭，但要先亮的指示灯先灭。如果按下按钮的时间超过 2 s，则指示灯灭。要求使用加 1 指令做程序，不能用比较和计数器指令。

第 10 章　三菱 FX3U 系列 PLC 的应用实例

10.1　电动机正/反转控制

电动机正/反转控制是电动机控制的重要内容，是工程控制中的典型环节，如电动葫芦就是通过电动机的正/反转来实现所吊重物的升降的。PLC 控制系统开发人员必须熟练掌握此类应用。

1. 控制任务描述

图 10-1 为一电动机正/反转主控回路原理图。图中 QF 为断路器，FU 为熔断器，KM1、KM2 分别为控制电动机正/反转的接触器的主触点，FR 为热继电器。当按下图 10-2 中正转按钮 SB1 时，KM1 闭合，电动机正转；当按下反转按钮 SB2 时，KM1 断开，KM2 闭合，电动机反转；当按下停止按钮 SB3 时，无论电动机处于正转或反转都应停止转动。当电动机出现过载时，热继电器动作，常闭触点断开，电动机停止转动。无论电动机正转还是反转均需要考虑延时启动。

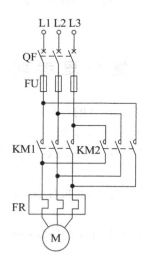

图 10-1　主控回路原理图

2. I/O 分配表与 PLC 接线图

I/O 分配表见表 10-1。

表 10-1　电动机正/反转控制 I/O 分配表

输入地址		输出地址	
正转按钮 SB1	X000	正转接触器 KM1	Y000
反转按钮 SB2	X001	反转接触器 KM2	Y001
过载保护 FR	X002		
停止按钮 SB3	X003		

PLC 接线图如图 10-2 所示。

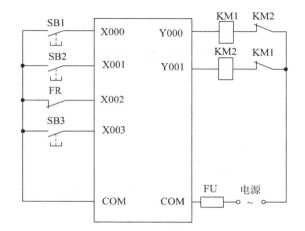

图 10-2　电动机正/反转控制 PLC 接线图

3. 程序编制与分析

交流接触器 KM1 与 KM2 不能同时闭合，为了实现这一点，除了在硬件接线中将 KM1 与 KM2 进行互锁，在 PLC 程序中输出继电器线圈 Y000 与 Y001 也要进行互锁。在程序中，当按下正转按钮 SB1 时，辅助继电器 M0 得电并自锁，发出正转请求，正转延时定时器 T0 开始计时，计时结束后其常开触点导通，Y000 输出并自锁，电动机正转；同时，定时器常闭触点断开，辅助继电器 M0 失电，T0 定时器也复位。

当按下反转按钮 SB2 时，辅助继电器 M1 得电并自锁，发出反转请求，反转延时定时器 T1 开始计时，计时结束后其常开触点导通，Y001 输出并自锁，电动机反转；同时，定时器常闭触点断开，辅助继电器 M1 失电，T1 定时器也复位。电动机反转时也可切换至正转，原理相同。

当按下停止按钮 SB3 或热继电器过载时，Y000 和 Y001 均会复位，电动机停转。当按动 X000 或 X001 时间较长时，在本程序中 T0 或 T1 会循环计时，但不会影响 Y000 或 Y001 的输出。

梯形图程序如图 10-3 所示。

图 10-3　电动机正/反转控制 PLC 梯形图

10.2　照 明 灯 控 制

1. 控制任务描述

用三个开关控制一个照明灯，任何一个开关都可以控制灯的亮与灭。

2. I/O 分配表与 PLC 接线图

I/O 分配表见表 10-2，PLC 接线图如图 10-4 所示。

表 10-2　三个开关控制一个灯的 I/O 分配表

输入地址		输出地址	
开关 SB1	X000	灯	Y000
开关 SB2	X001		
开关 SB3	X002		

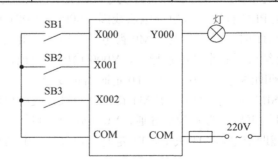

图 10-4　PLC 接线图

3. 程序编制与分析

经过分析，只有一个开关闭合时灯亮，再有另一个开关闭合时灯灭，推而广之，即有奇数个开关闭合时灯亮，偶数个开关闭合时灯灭。根据分析结果列出真值表，如表 10-3 所示。

表 10-3　三个开关控制一个灯真值表

X002	X001	X000	Y000
0	0	0	0
0	0	1	1
0	1	0	1
0	1	1	0
1	0	0	1
1	0	1	0
1	1	0	0
1	1	1	1

根据真值表和图 10-4 所示的 PLC 接线图，列出逻辑表达式如下：

$$Y0 = \overline{X2} \cdot \overline{X1} \cdot X0 + \overline{X2} \cdot X1 \cdot \overline{X0} + X2 \cdot \overline{X1} \cdot \overline{X0} + X2 \cdot X1 \cdot X0$$
$$= \overline{X2}(\overline{X1} \cdot X0 + X1 \cdot \overline{X0}) + X2(\overline{X1} \cdot \overline{X0} + X1 \cdot X0)$$

根据逻辑表达式画出梯形图，如图 10-5 所示。

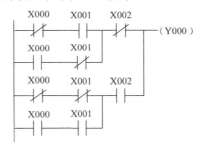

图 10-5　三个开关控制一个灯的梯形图

10.3　人行横道信号灯控制

1. 控制任务描述

本交通信号灯分行车道信号灯和人行横道信号灯。行车道信号灯有红、黄、绿三种颜色，人行横道信号灯有红、绿两种颜色，其工作状态由 PLC 程序控制。按钮 X000 或 X001 控制人行横道信号灯的绿灯和红灯的变化。人行横道信号灯在路口的安装形式如图 10-6 所示。

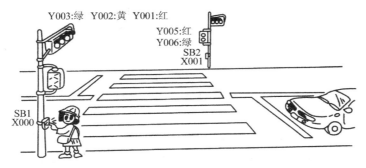

图 10-6　信号灯安装示意图

人行横道信号灯控制要求如下：

(1) 平常时间人行横道红灯，行车道绿灯。

(2) 行人按下 X000 或 X001 启动按钮，PLC 系统开始工作，行车道绿灯继续亮 30 s，转为黄灯 10 s，然后转为红灯 30 s。

(3) 行车道红灯亮 5 s 后，人行横道红灯灭，绿灯亮起 15 s 后闪烁 5 s，然后灭，并且亮起红灯。

(4) 人行横道红灯灭 5 s 后行车道绿灯亮起，完成一次行人通过路口过程。

根据上述要求，绘制的时序图如图 10-7 所示。

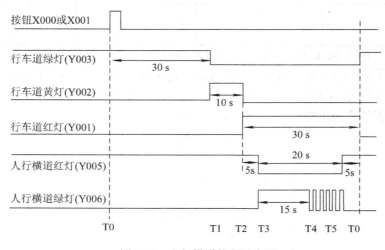

图 10-7　人行横道控制时序图

2. I/O 分配表与 PLC 接线图

I/O 分配表见表 10-4。

表 10-4　人行横道信号灯控制 I/O 分配表

输入地址		输出地址	
启动按钮	X000	行车道红灯	Y001
启动按钮	X001	行车道黄灯	Y002
		行车道绿灯	Y003
		人行横道红灯	Y005
		人行横道绿灯	Y006

3. 程序编制与分析

编程方法有多种，可以采用时序编程法，程序如图 10-8 所示。程序结构分成三部分：第一部分为启动部分，第二部分为时序控制部分，第三部分为输出部分。

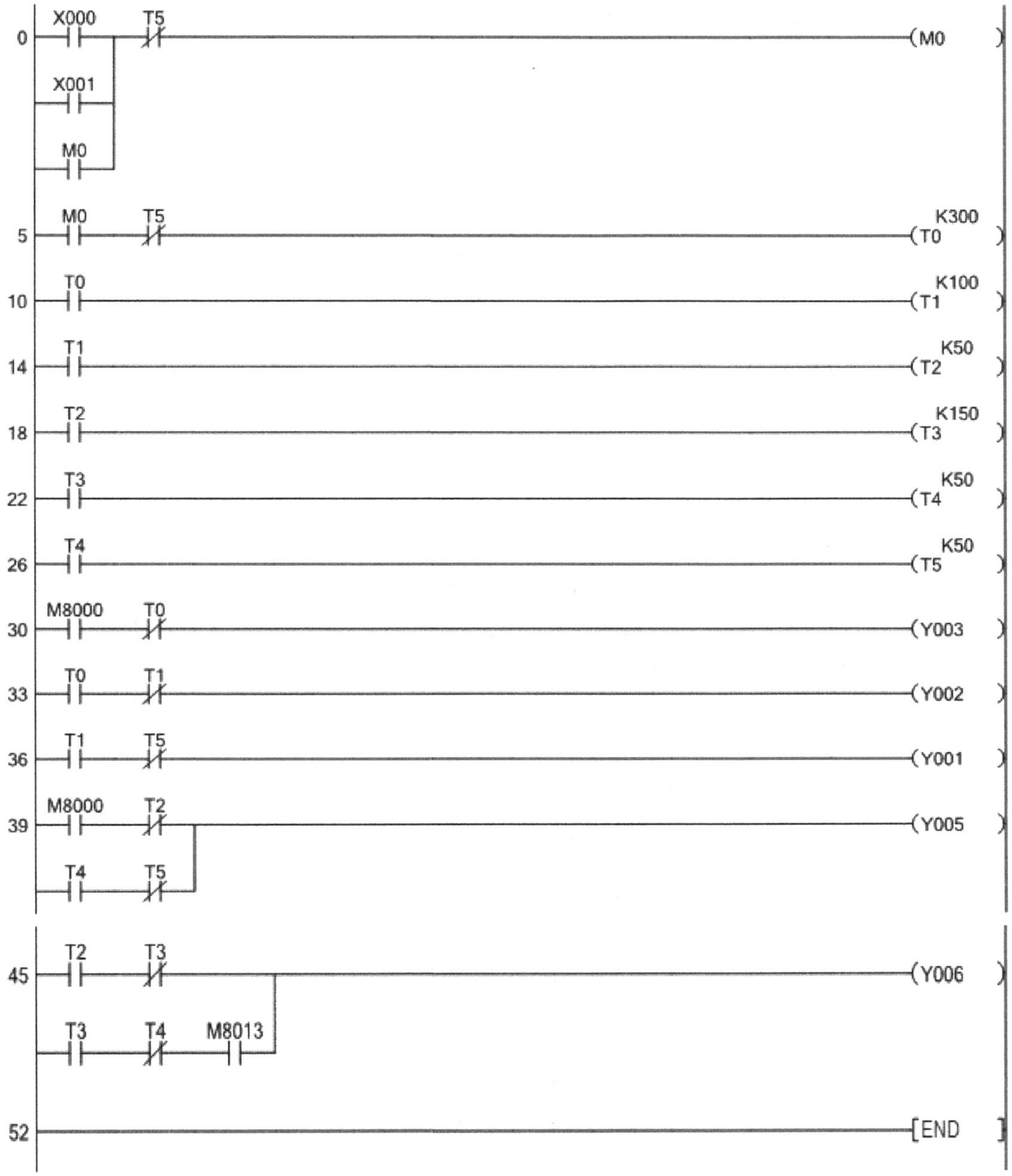

图 10-8　时序控制编程

应用触点比较指令进行编程也是比较方便的，即将整个时段分成若干小段，根据触点接通条件进行指令编制。程序如图 10-9 所示。

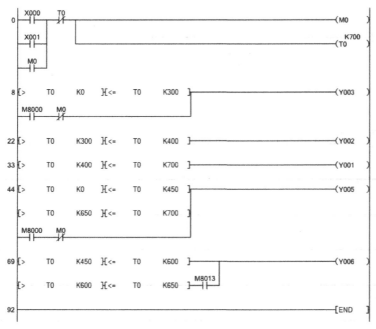

图 10-9　触点比较指令编程

另外，应用状态转移图进行编程也是可以的，并且可以用单流程状态转移和并行分支状态转移图进行编程。图 10-10 所示为单流程状态转移图(其中 M8000 触点是为了防止格式错误而特意加入的)。

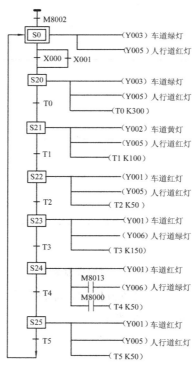

图 10-10　单流程结构状态转移图

　　将行车道信号灯与人行横道信号灯的状态分开编写，写成并行分支结构的状态转移图，如图 10-11 所示(其中 M8000 触点是为了防止格式错误而特意加入的)。

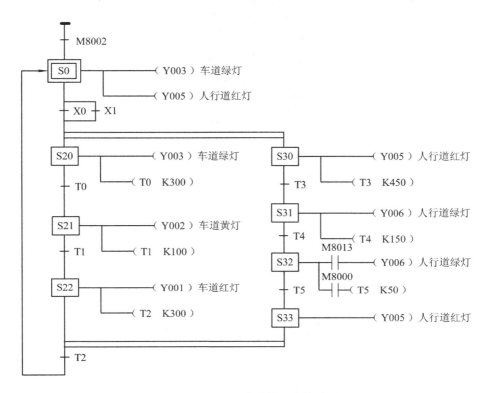

图 10-11　并行分支结构状态转移图

10.4　搅 拌 器 控 制

1. 控制任务描述

　　如图 10-11 所示为一台搅拌器，它用于搅拌两种液体。初始状态液缸中无液体，电动机和三个电磁阀均不得电，阀门处于关闭状态。

　　工作时，搅拌器控制要求如下：

　　(1) 按下启动按钮，A、B 两个阀同时得电打开，开始进液。

　　(2) A 阀 30 s 后关闭，B 阀继续放液。

　　(3) 当液位达到传感器 2 时，搅拌电动机 M 启动，进行液体搅拌。

　　(4) 当液位达到传感器 3 时，B 阀关闭，5 min 后搅拌机停止。同时，出料阀 C 打开进行放料。

　　(5) 当液位低于传感器 1 时，再延时 10 s 关闭出料阀 C，完成一个工作周期。

　　(6) 工作方式可在单周期与连续工作之间切换。

　　搅拌器工作示意图如图 10-12 所示。

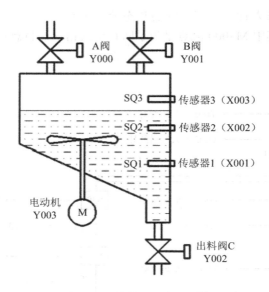

图 10-12　搅拌器工作示意图

2. I/O 分配表与 PLC 接线图

I/O 分配表见表 10-5。

表 10-5　搅拌器 PLC 控制 I/O 分配表

输入地址		输出地址	
启动按钮 SB	X000	电磁阀 A	Y000
液位传感器 1	X001	电磁阀 B	Y001
液位传感器 2	X002	出料阀 C	Y002
液位传感器 3	X003	搅拌电动机 M	Y003
连续/单周期开关 SA	X004/$\overline{\text{X004}}$		

PLC 接线图如图 10-13 所示。

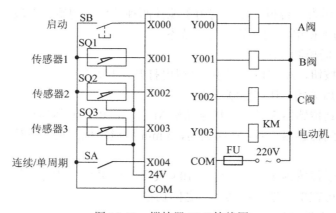

图 10-13　搅拌器 PLC 接线图

3. 程序编制与分析

本例采用状态转移图进行编程，状态转移图如图 10-14 所示。根据状态转移图转换得到的梯形图如图 10-15 所示。

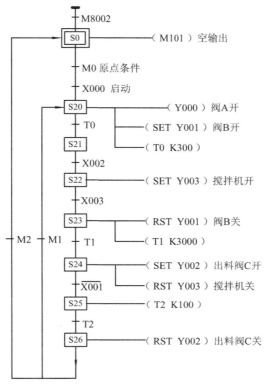

图 10-14　搅拌器控制 PLC 状态转移图

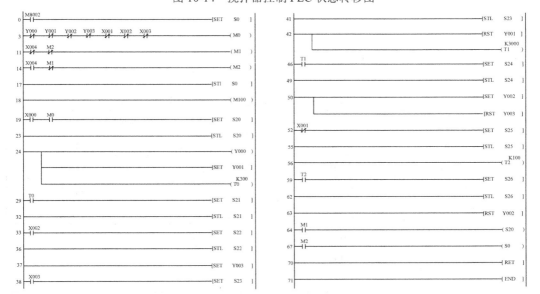

图 10-15　搅拌器控制 PLC 梯形图

10.5　大小球分拣搬运控制

1. 控制任务描述

图 10-16 所示为使用传送带将大小球分拣传送的机械装置。左上为原点显示，按照下降、吸住、上升、右行、下降、释放、上升、左行的顺序动作。此外，为了区分是大球还是小球，当机械手臂下降，电磁铁压住小球时下限开关 LS2 为 ON，压住大球时下限开关 LS2 为 OFF。

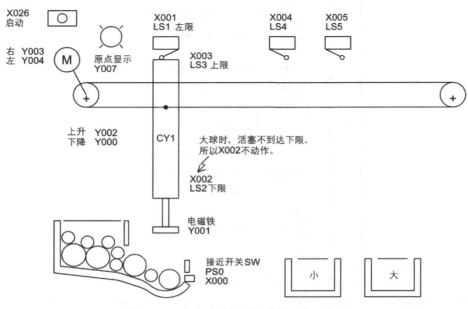

图 10-16　大小球分拣传送装置工作示意图

2. I/O 分配表与 PLC 接线图

I/O 分配表见表 10-6。

表 10-6　大小球分拣传送装置 PLC 控制 I/O 分配表

输入地址		输出地址	
接近开关 SW	X000	活塞杆下降	Y000
左限传感器 LS1	X001	电磁铁吸住	Y001
下限传感器 LS2	X002	活塞杆上升	Y002
上限传感器 LS3	X003	传送带向右	Y003
小球框传感器 LS4	X004	传送带向左	Y004
大球框传感器 LS5	X005	原点显示	Y007
启动按钮	X026		

这是一个典型的顺序控制案例，根据任务描述要求，编制状态转移图如图 10-17 所示。

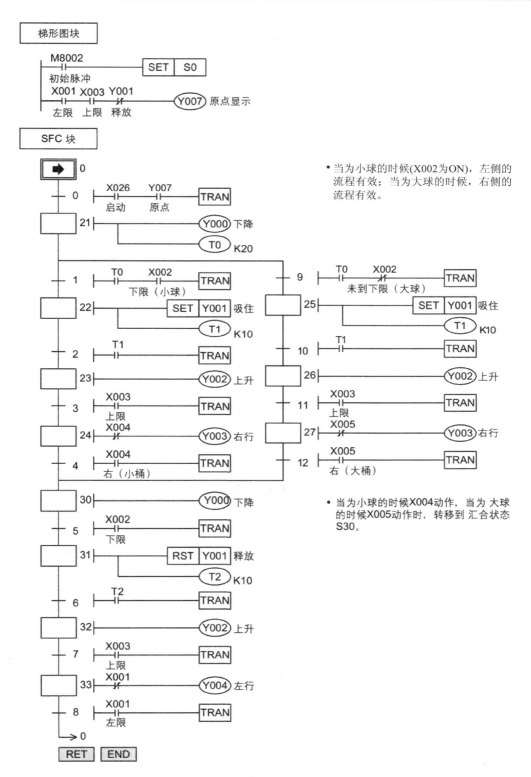

图 10-17　大小球分拣状态转移图

根据状态转移图转换得到的梯形图如图 10-18 所示。

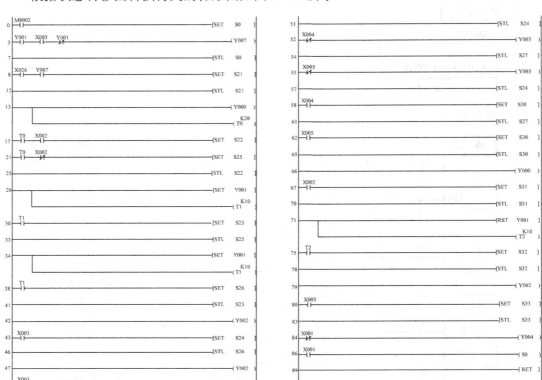

图 10-18　大小球分拣梯形图

复习思考题

10.1　用状态转移图编程。按启动按钮 X0，Y0 输出 10 s 后 Y1 才有输出，Y0 输出 20 s 后停止输出；Y1 输出 10 s 后 Y2 才有输出，Y1 输出 30 s 后停止输出；Y2 输出 50 s 后停止输出；按 X1 停止输出。

10.2　用状态转移图编程。按下启动按钮，4 台电机 M1、M2、M3 和 M4 每隔 3 s 时间顺序启动；按下停止按钮，则按 M4、M3、M2、M1 的顺序每隔 1 s 时间分别停止。

10.3　用状态转移图编程。控制要求如下：

液体混合装置如题 10.3 图所示。上限位、中限位和下限位传感器被液体淹没时为 ON，电磁阀 A、B 和 C 的线圈通电时打开，线圈断电时关闭。初始状态时容器是空的，各阀门均关闭，各传感器均为 OFF。

按下启动按钮后，打开电磁阀 A，液体 A 流入容器，中限位开关变为 ON 时，关闭电磁阀 A，并打开电磁阀 B，液体 B 流入容器。液面到达上限位开关时，关闭电磁阀 B，电动机 M 开始搅拌液体，60 s 后停止搅拌。打开电磁阀 C，放出混合液，液面降至下限位开关之后再过 5 s，容器放空后关闭电磁阀 C，打开电磁阀 A，又开始下一周期的操作。按下停止按钮，在当前工作周期结束后，才停止操作(停在初始状态)。画出状态转移图。

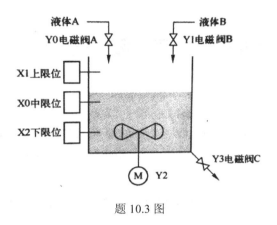

题 10.3 图

附录 A　实验指导书

　　使用硬件 PLC 来做实验时，所需设备包括实验台、FX 系列 PLC、连接导线、程序传输线缆、安装了 GX Works2 软件的计算机等。编制专用的实验报告，以记录实验过程。

A.1　电动机的启动、保持、停止控制

1. 实验目的

　　通过实验，了解和掌握启、保、停电路的设计思想，了解和掌握 FX 系列 PLC 的外部接线方法，了解和掌握 GX Works2 编程软件的使用方法、程序上传方法等。

2. 项目控制要求

(1) 当按下启动按钮(复位开关)时，Y000 输出并保持，对应 LED 灯亮。

(2) 当按下停止按钮(复位开关)时，Y000 无输出，对应 LED 灯灭。

3. 实验内容

(1) 分配 I/O 地址，见表 A-1。

表 A-1　系统 I/O 口分配表

输入地址		输出地址	
启动按钮 SB1	X000	电动机(LED 灯)	Y000
停止按钮 SB2	X001		

(2) PLC 外部接线图，如图 A-1 所示。

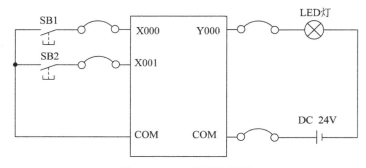

图 A-1　PLC 外部接线图

(3) 梯形图设计。利用实验室装备的计算机，新建一个程序文件，并正确输入如图 A-2

所示的梯形图，经过转换后进行模拟运行，运行结果确认后可利用线缆上传到 PLC 中。注意新建程序时要正确选择使用的 PLC 的 CPU 类型及 PLC 的型号。

图 A-2 电动机的启保停梯形图

4. 课后思考题

(1) 如何使用辅助继电器完成电动机的启、保、停功能？并画出梯形图。

(2) 如何使用置位与复位指令(SET、RST)完成电机的启、保、停功能？并画出梯形图。

A.2 灯的两地控制

1. 实验目的

通过实验，了解和掌握逻辑控制电路的设计方法和过程，了解和掌握 FX 系列 PLC 的外部接线方法，了解和掌握 GX Works2 编程软件的使用方法、程序上传方法等。

2. 项目控制要求

(1) 在甲地接通或断开开关(自锁开关)，可以控制 Y000 的亮与灭。

(2) 在乙地接通或断开开关(自锁开关)，可以控制 Y000 的亮与灭。

3. 实验内容

(1) 分配 I/O 地址，见表 A-2。

表 A-2 系统 I/O 口分配表

输入地址		输出地址	
甲地开关 SB1	X000	LED 灯	Y000
乙地开关 SB2	X001		

(2) 真值表及逻辑函数表达式，见表 A-3。

表 A-3 真值表及逻辑函数表达式

X000	X001	Y000	逻辑函数表达式
0	0	0	
0	1	1	$Y000 = \overline{X000} \cdot X001$
1	0	1	$Y000 = X000 \cdot \overline{X001}$
1	1	0	

由表可知：$Y000 = \overline{X000} \cdot X001 + X000 \cdot \overline{X001}$。

(3) 梯形图设计。根据逻辑函数表达式与梯形图之间的对应关系，画出如图 A-3 所示的梯形图。

```
        X000   X001
   0    ─┤├────┤/├─────────────────────────────( Y000   )

        X000   X001
        ─┤├────┤/├─
   6    ─────────────────────────────────────[ END    ]
```

图 A-3　灯的两地控制的梯形图

(4) PLC 外部接线图，如图 A-4 所示。

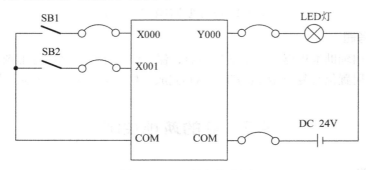

图 A-4　PLC 外部接线图

4．课后思考题

(1) 设计实现自锁开关 X000、X001、X002 三个开关中，只有一个合上时 Y000 亮，有两个合上时 Y001 亮，三个都合上时 Y002 亮。画出梯形图。

(2) 车间有三个门，在三个门口都安装有开关，用于控制车间内灯的亮与灭。画出梯形图。

A.3　计数功能演示电路

1．实验目的

通过实验，了解和掌握计数功能梯形图的设计方法，了解和掌握 FX 系列 PLC 的外部接线方法，了解和掌握 GX Works2 编程软件的使用方法、程序上传方法等。

2．项目控制要求

(1) 按下计数按钮(复位开关)累计达 10 次，Y000 保持输出，对应 LED 灯亮。

(2) 按下复位按钮(复位开关)，计数器复位，Y000 断开，对应 LED 灯灭。

3．实验内容

(1) 分配 I/O 地址，见表 A-4。

(2) PLC 外部接线图，如图 A-5 所示。

表 A-4　系统 I/O 口分配表

输入地址		输出地址	
计数按钮	X000	LED 灯	Y000
复位按钮(复位式)	X001		

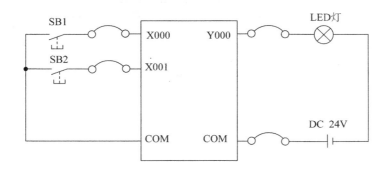

图 A-5　PLC 外部接线图

(3) 梯形图设计。

设计的梯形图如图 A-6 所示。

图 A-6　计数演示电路梯形图

4. 课后思考题

(1) 设计实现按按钮(复位开关)X000 三下，LED 灯 Y000 亮，再按按钮 X000 三下，LED 灯灭，并重复。请画出梯形图。

(2) 设计实现按按钮(复位开关)X000 三下，LED 灯 Y000 亮，再按按钮 X000 三下，LED 灯 Y001 也亮，接着按按钮 X000 三下，两个 LED 灯全灭，并重复。请画出梯形图。

A.4　瞬时接通/延时断开功能演示电路

1. 实验目的

通过实验，了解和掌握定时器功能及梯形图设计方法，了解和掌握 FX 系列 PLC 的外部接线方法，了解和掌握 GX Works2 编程软件的使用方法、程序上传方法等。

2. 项目控制要求

按下测试按钮(复位开关)，Y000 输出并保持，对应 LED 灯亮，延时 5 s 后自动熄灭。

3. 实验内容

(1) 分配 I/O 地址，见表 A-5。

表 A-5　系统 I/O 口分配表

输入地址		输出地址	
测试按钮	X000	LED 灯	Y000

(2) PLC 外部接线图，如图 A-7 所示。

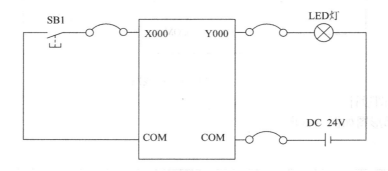

图 A-7　PLC 外部接线图

(3) 梯形图设计。

设计的梯形图如图 A-8 所示。

图 A-8　瞬时接通/延时断开演示电路梯形图

4. 课后思考题

(1) 按下启动按钮(复位开关)，3 s 后 Y000 输出并保持，对应 LED 灯亮；按下停止按钮，延时 5 s 后 Y000 熄灭。设计梯形图。

(2) 用定时器实现楼道灯的控制。按启动按钮 X000 时楼道灯 Y000 亮，30 s 后楼道灯 Y000 灭。如果在 30 s 内，再次按动启动按钮，则重新计时，30 s 后灯 Y000 灭。设计梯形图。

A.5　流 水 灯 设 计

1. 实验目的

通过实验，了解和掌握定时器功能及流水灯设计方法，了解和掌握 FX 系列 PLC 的外部接线方法，了解和掌握 GX Works2 编程软件的使用方法、程序上传方法等。

2. 项目控制要求

按启动按钮 X000，Y000～Y003 以交替亮 0.5 s 的规律输出，使相应的 LED 灯交替亮灭，按停止按钮后灯灭。

3. 实验内容

(1) 分配 I/O 地址，见表 A-6。

表 A-6　系统 I/O 口分配表

输入地址		输出地址	
启动按钮	X000	LED 灯	Y000～Y003
停止按钮	X001		

(2) PLC 外部接线图，如图 A-9 所示。

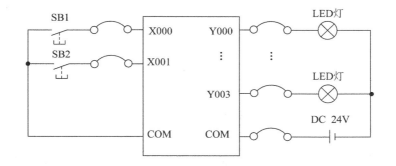

图 A-9　PLC 外部接线图

(3) 根据控制要求，画出时序图，如图 A-10 所示，并确定相应的定时器名称。

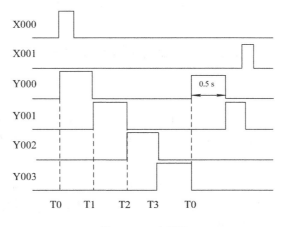

图 A-10　时序图

(4) 梯形图设计。整个梯形图分成三部分，即启停部分、时序控制部分及输出部分，如图 A-11 所示。

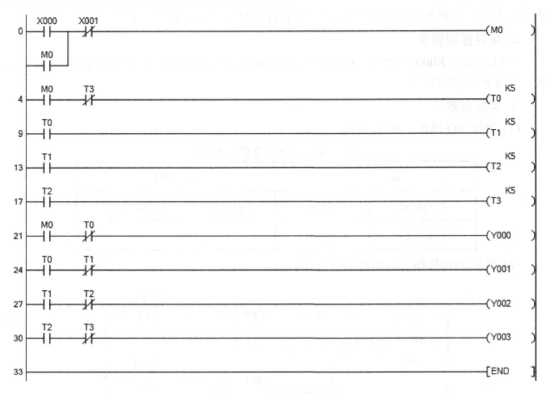

图 A-11　流水灯梯形图

4. 课后思考题

(1) 按下启动按钮 X000，LED 灯(Y000)先亮 2 s，停 1 s 后再亮 1 s，停 1 s，循环运行，按停止按钮后灯灭。编制梯形图。

(2) 按下启动按钮 X000，彩灯 Y000～Y007 以 1 s 间隔交替亮，即 Y000 亮 1 s 后灭，Y001 亮 1 s 后再灭，循环运行，按停止按钮后灯灭。编制梯形图。

A.6　三人抢答器设计

1. 实验目的

通过实验，了解和掌握三人抢答器的设计方法，了解和掌握互锁电路的设计方法，了解和掌握 FX 系列 PLC 的外部接线方法，了解和掌握 GX Works2 编程软件的使用方法等。

2. 项目控制要求

(1) 当 X000 至 X002 任意一个有输入的时候其他两个按键都锁住不能输入。

(2) 当按下抢答键(复位按钮) 1 号至 3 号的时候，显示按下最快的键所对应的灯亮。

(3) 按下复位键全体复位初始化。

3. 实验内容

(1) 分配 I/O 地址，见表 A-7。

表 A-7 系统 I/O 口分配表

输入地址		输出地址	
1 号抢答按钮	X000	1 号灯	Y000
2 号抢答按钮	X001	2 号灯	Y001
3 号抢答按钮	X002	3 号灯	Y002
复位按钮	X003		

(2) PLC 外部接线图，如图 A-12 所示。

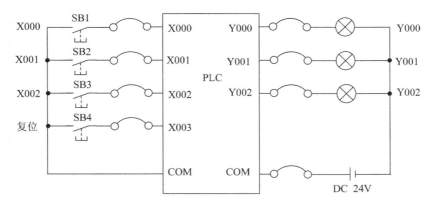

图 A-12 PLC 外部接线图

(3) 梯形图设计。在编写 Y000 输出时要考虑互锁，利用 Y001、Y002 的常闭触点进行互锁。利用 GX Works2 软件进行模拟运行，运行结果正确后再传输至 PLC 中。梯形图如图 A-13 所示。

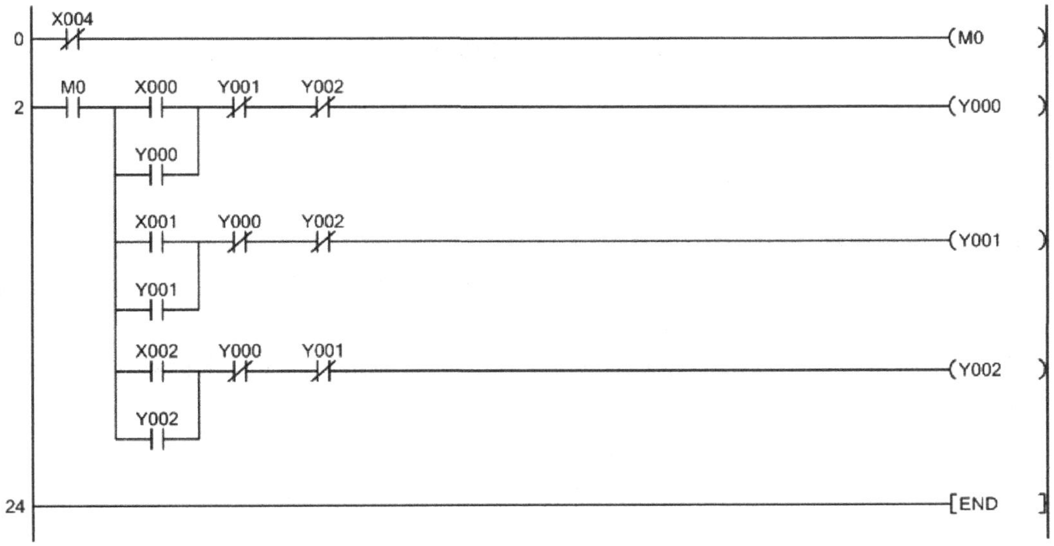

图 A-13 抢答器梯形图

(4) 实验器材，如图 A-14 所示。

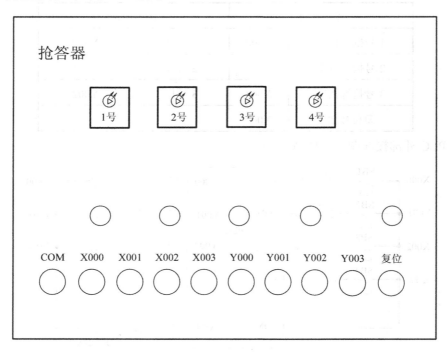

图 A-14　抢答器实验器材面板

4. 课后思考题

(1) 参考三人抢答器设计，设计一个四人抢答器，画出梯形图。

(2) 设计一个四人抢答器，抢答成功者对应键的灯呈闪烁状，画出梯形图。

A.7　水塔自动控制

1. 实验目的

利用 PLC 控制自动供水设备。

2. 项目控制要求

(1) 当水池水位低于低水位界 L4 时(L4 为 ON)，阀 M2 打开进水；当水池水位高于高水位界时(L3 为 ON)，阀 M2 关闭。

(2) 当水塔水位低于低水位界 L2(L2 为 ON)，且水池水位高于低水位界时，抽水电机 M1 打开。

(3) 当水塔水位高于高水位界时，M1 关闭。

(4) 若在抽水过程中，水池水位下降到低水位界，则 M1 也关闭。

3. 实验内容

(1) 分配 I/O 地址，如表 A-8 所示。

表 A-8　系统 I/O 口分配表

输入地址		输出地址	
水池低水位界 L_2	X000	水塔高水位指示 L1	Y000
水池高水位界 H_2	X001	水塔低水位指示 L2	Y001
水塔低水位界 L_1	X002	抽水机 M1	Y002
水塔高水位界 H_1	X003	水池高水位指示 L3	Y003
		水池低水位指示 L4	Y004
		进水阀 M2	Y005

(2) PLC 外部接线图，如图 A-15 所示。

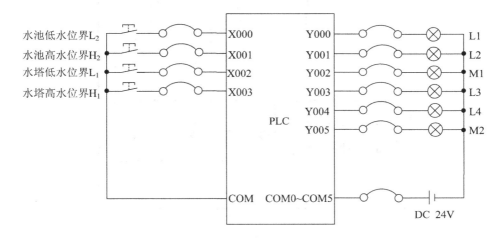

图 A-15　PLC 外部接线图

(3) 梯形图设计。

梯形图设计如图 A-16 所示。

图 A-16　水塔自动控制梯形图

(4) 实验器材，如图 A-17 所示。

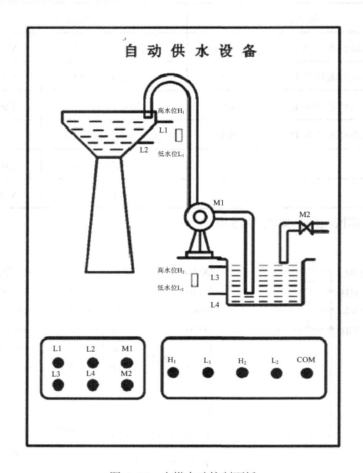

图 A-17　水塔自动控制面板

A.8　音乐喷水池

1. 实验目的

完成音乐喷水池的控制设计。

2. 项目控制要求

(1) 按下启动按钮(自锁按钮)，主电机 Y000 上电，音乐控制上电开始工作。

(2) 主电机 Y000 工作 500 ms 后停止工作，Y001 至 Y007 开始间隔 500 ms 轮流工作。

(3) 在 Y000 至 Y007 一个循环的 1 s 后同时一起输出 1 s，再停止 1 s。

(4) 在完成一个大循环以后回到单独主电机 Y000 上电，开始新的循环。

3. 实验内容

(1) 分配 I/O 地址，见表 A-9。

表 A-9 系统 I/O 口分配表

输入地址		输出地址	
启动按钮(自锁)	X000	LED 灯	Y000
		LED 灯	Y001
		LED 灯	Y002
		LED 灯	Y003
		LED 灯	Y004
		LED 灯	Y005
		LED 灯	Y006
		LED 灯	Y007
		喇叭	Y010

(2) PLC 外部接线图,如图 A-18 所示。

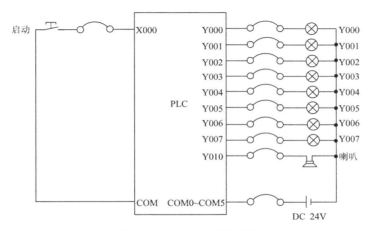

图 A-18 PLC 外部接线图

(3) 根据控制要求,画出时序图,如图 A-19 所示,并确定相应的定时器名称。

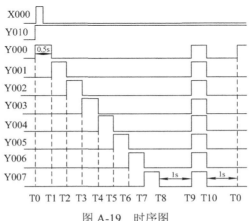

图 A-19 时序图

(4) 梯形图设计。整个梯形图分成三部分,即启停部分、时序控制部分及输出部分,如图 A-20 所示。

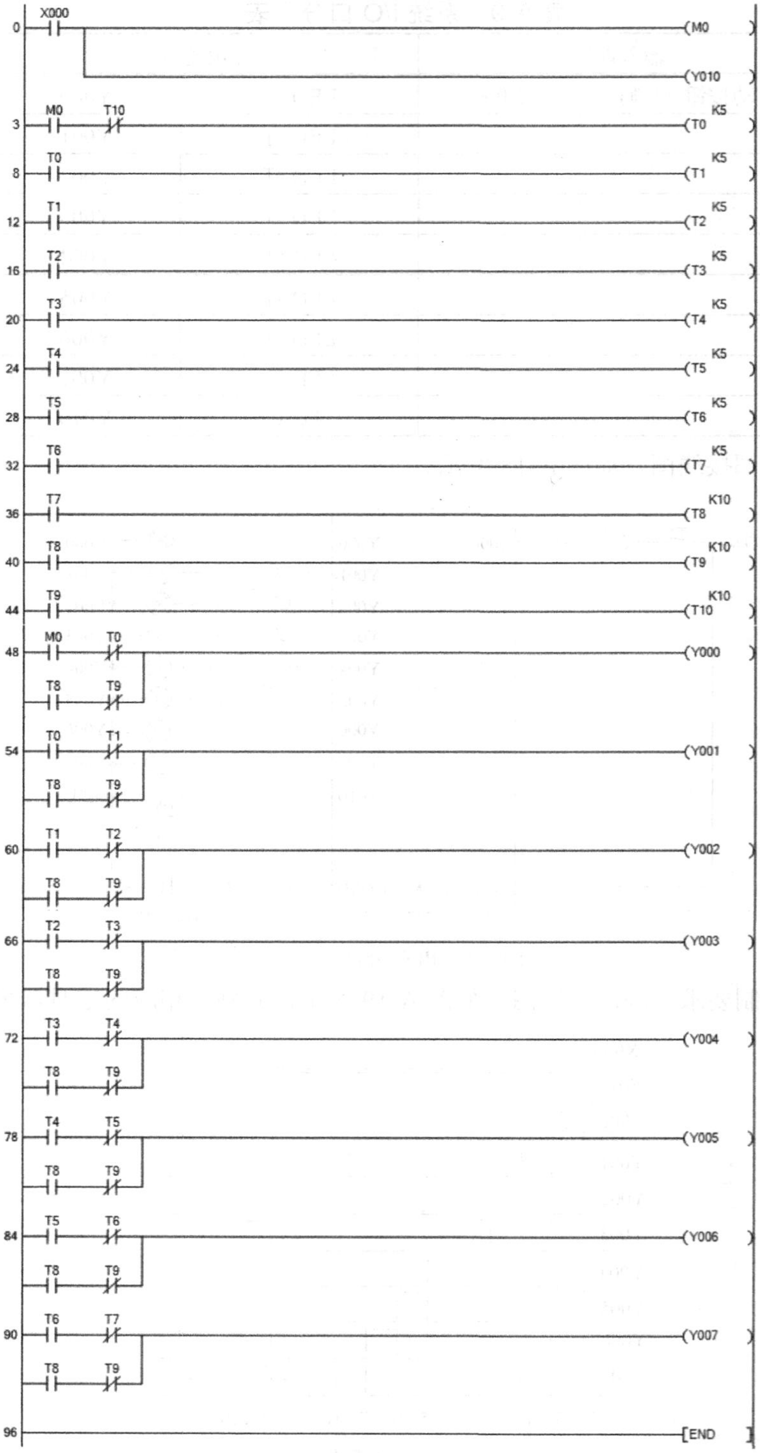

图 A-20　音乐喷水池控制梯形图

(5) 实验器材，如图 A-21 所示。

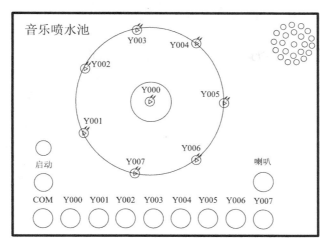

图 A-21 音乐喷水池控制面板

4. 课后思考题

将音乐喷泉的控制要求中的"Y000 至 Y007 开始间隔 500 ms 轮流工作",改为"Y000 至 Y007 开始间隔 500 ms 依次工作",程序应该如何修改?修改后写入 PLC 进行验证。

A.9　天　塔　之　光

1. 实验目的

通过程序设计,构成一个电波发射模拟光圈。

2. 项目控制要求

(1) 按下启动按钮(自锁按钮),L9 灯亮。

(2) 过 1 s 后,L9 灭,L5、L6、L7、L8 亮。

(3) 过 1 s 后,L5、L6、L7、L8 灭,L1、L2、L3、L4 亮,如此循环。

3. 实验内容

(1) 分配 I/O 地址,见表 A-10。

表 A-10　系统 I/O 口分配表

输入地址		输出地址	
启动按钮(自锁)	X000	L1	Y000
		L2	Y001
		L3	Y002
		L4	Y003
		L5	Y004
		L6	Y005
		L7	Y006
		L8	Y007
		L9	Y010

(2) PLC 外部接线图，如图 A-22 所示。

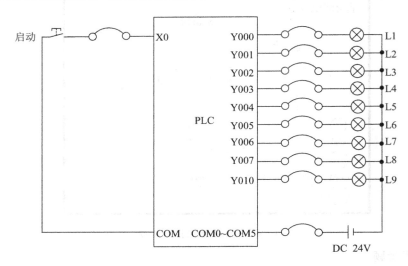

图 A-22　PLC 外部接线图

(3) 梯形图设计，如图 A-23 所示。

图 A-23　天塔之光控制梯形图

(4) 实验器材，如图 A-24 所示。

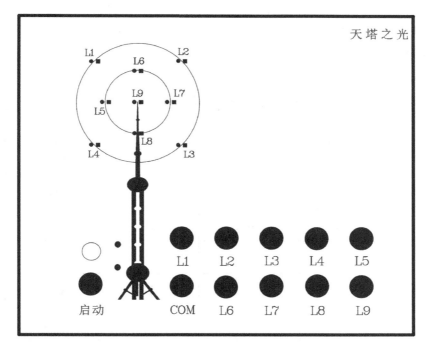

图 A-24　天塔之光实验台面板

4. 课后思考题

将天塔之光控制要求更改为按下启动按钮(自锁按钮)，灯亮顺序为 L9、L5、L4 灯亮，L9、L3、L8 灯亮，L9、L7、L2 灯亮，L9、L1、L6 灯亮，间隔为 1 s，如此循环。程序应该如何修改？

A.10　装配流水线

1. 实验目的

通过实验，了解和掌握定时器功能及流水灯设计方法，了解和掌握 FX 系列 PLC 的外部接线方法，了解和掌握 GX Works2 编程软件的使用方法、程序上传方法等。

2. 项目控制要求

(1) 按下启动按钮，传送带将要装配的工件传到位置 D(LED 灯亮)点，然后 A 操作员进行装配。

(2) 3 s 后 A(LED 灯亮)完成装配，按下移位键，工件移位到 E(LED 灯亮)点，然后 B 操作员进行装配，同时 A 和 D 点复位(LED 灯灭)。

(3) 3 s 后 B(LED 灯亮)完成装配，按下移位键，工件移位到 F(LED 灯亮)点，然后 C 操作员进行装配，同时 B 和 E 点复位(LED 灯灭)。

(4) 3 s 后 C(LED 灯亮)完成装配，按下移位键，工件到达 G 点，等待 2 s 后，转入仓库(LED 灯亮)中。

(5) 2 s 以后系统开始下一轮装配。按复位键系统复位重新开始。

3. 实验内容

(1) 分配 I/O 地址，见表 A-11。

表 A-11　系统 I/O 口分配表

输入地址		输出地址	
移位(复位)	X000	A	Y000
复位(复位)	X001	B	Y001
启动(复位)	X002	C	Y002
		D	Y003
		E	Y004
		F	Y005
		G	Y006
		H	Y007

(2) PLC 外部接线图，如图 A-25 所示。

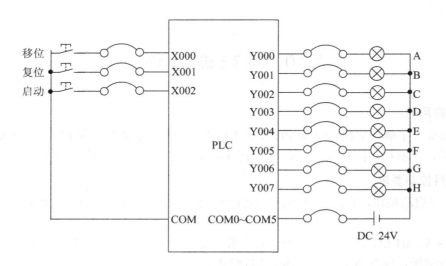

图 A-25　PLC 外部接线图

(3) 装配流水线控制状态转移图如图 A-26 所示。

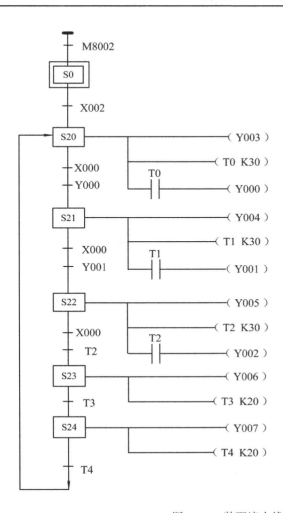

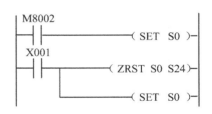

图 A-26 装配流水线控制状态转移图

(4) 装配流水线控制梯形图如图 A-27 所示。

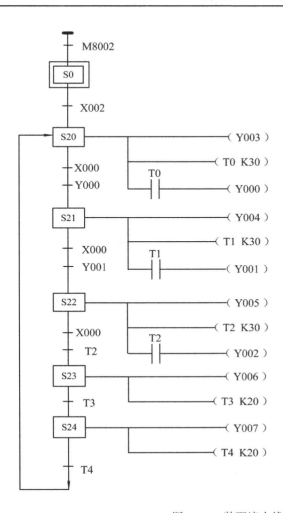

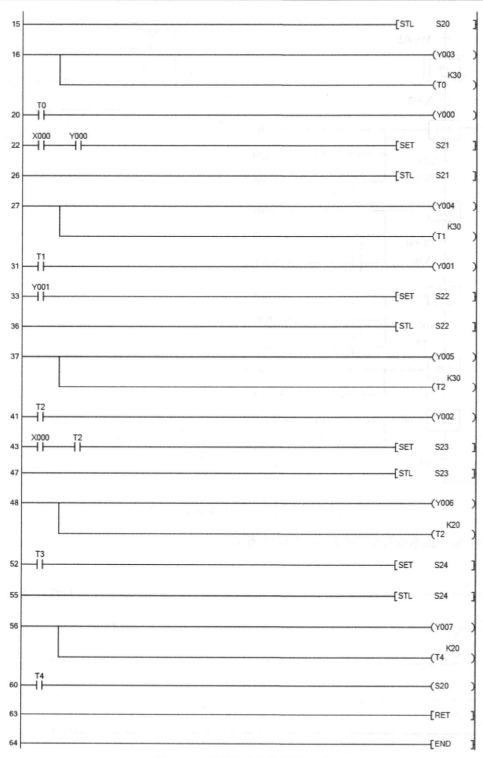

图 A-27　装配流水线控制梯形图

(5) 实验器材，如图 A-28 所示。

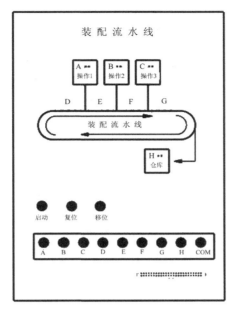

图 A-28 装配流水线实验器材面板

A.11 十字路口交通灯

1. 实验目的

掌握十字路口交通灯控制的梯形图设计方法。

2. 项目控制要求

(1) 按下启动按钮，系统开始工作，南北方向的红灯亮 30 s，转为绿灯 20 s，然后转为绿灯闪烁 3 s，再转为黄灯亮 2 s，整个周期 55 s。

(2) 南北红灯亮起的同时，东西方向的绿灯亮起，25 s 后，转为绿灯闪烁 3 s，然后转为黄灯亮 2 s，再转红灯 25 s。

(3) 按下"白天/黑夜"自锁开关为黑夜工作状态，这时只有黄灯闪烁，断开时按时序控制图工作。按下停止键系统停止。

3. 实验内容

(1) 分配 I/O 地址，见表 A-12。

表 A-12 系统 I/O 口分配表

输入地址		输出地址	
启动按钮(复位)	X000	东西向红灯(红1)	Y000
停止按钮(复位)	X001	东西向黄灯(黄1)	Y001
白天/黑夜(自锁)	X002	东西向绿灯(绿1)	Y002
		南北向红灯(红2)	Y003
		南北向黄灯(黄2)	Y004
		南北向绿灯(绿2)	Y005

(2) PLC 外部接线图，如图 A-29 所示。

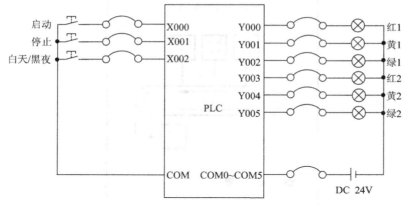

图 A-29 PLC 外部接线图

(3) 梯形图设计，如图 A-30 所示。

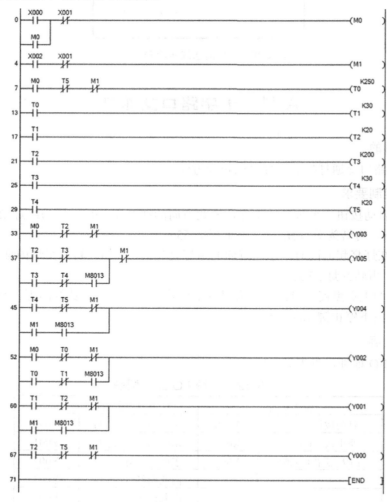

图 A-30 十字路口交通灯梯形图

(4) 实验器材，如图 A-31 所示。

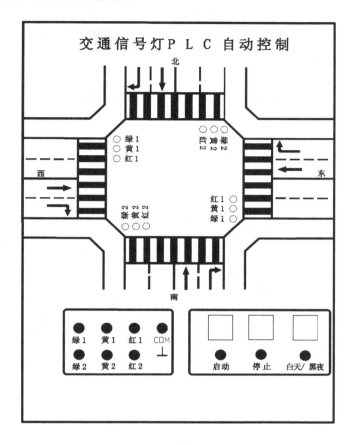

图 A-31 十字路口交通灯控制实验面板

4. 课后思考题

(1) 使用时间区间比较指令完成交通灯的编程，并进行验证。

(2) 使用状态转移图来完成交通灯的编程，并进行验证。

A.12 自动成型系统

1. 实验目的

使用 PLC 构成一个自控成型系统。利用 LED 发光管来演示系统的工作状态。其中 S1 至 S6 用于指示油缸到位开关，K1 至 K4 用于指示电磁阀的工作状态。

2. 项目控制要求

(1) 初始状态。当原料放入成型机时，各油缸为初始状态：

K1、K2、K4 为 OFF；K3 为 ON；S1、S3、S5 为 OFF；S2、S4、S6 为 ON。

(2) 按下启动键 S0，则 K2 为 ON，上面油缸的活塞向下运动，使 S4 为 OFF。

(3) 当该油缸活塞下降到终点时，S3 为 ON，此时启动左油缸，A 缸活塞向右运动，C 缸活塞向左运动。K1、K4 为 ON 时，K3 为 OFF，使 S2、S6 为 OFF。

(4) 当 A 缸活塞运动到终点，S1 为 ON，并且 C 缸活塞也到终点 S5 为 ON 时，原料已成型，各油缸开始返回原位。首先，A、C 油缸返回，K1、K4 为 OFF，K3 为 ON，使 S1、S5 为 OFF。

(5) 当 A、C 油缸返回到初始位置，S2、S6 为 ON 时，B 油缸返回，K2 为 OFF，使 S1、S5 为 OFF。

(6) 当油缸返回初始状态，S4 为 ON 时，系统回到初始状态，取出成品；放入原料后，按动启动按钮，重新启动，开始下一工件的加工。

3. 实验内容

(1) 分配 I/O 地址，见表 A-13。

表 A-13　系统 I/O 口分配表

输入地址		输出地址	
启动	X000	电磁阀 K1	Y001
S1	X001	电磁阀 K2	Y002
S2	X002	电磁阀 K3	Y003
S3	X003	电磁阀 K4	Y004
S4	X004		
S5	X005		
S6	X006		

(2) PLC 外部接线图，如图 A-32 所示。

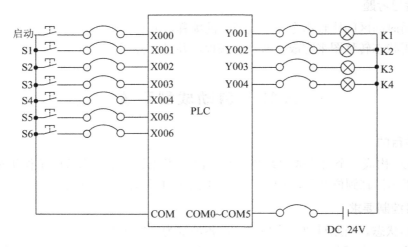

图 A-32　PLC 外部接线图

(3) 状态转移图设计，如图 A-33 所示。

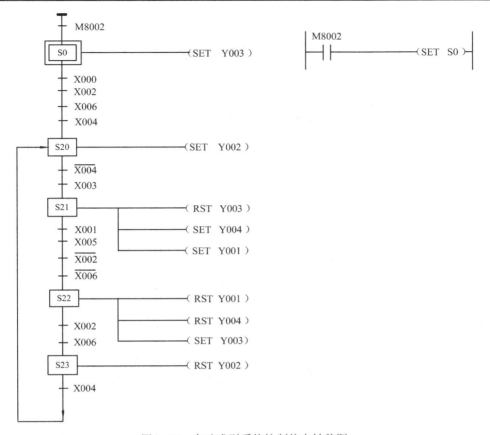

图 A-33 自动成型系统控制状态转移图

(4) 实验器材，如图 A-34 所示。

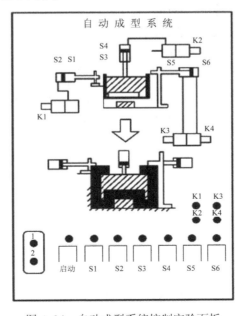

图 A-34 自动成型系统控制实验面板

A.13 机 械 手 控 制

1. 实验目的

使用 PLC 完成机械手传送工件的过程控制。将工件从 A 处搬移至 B 处，并重复搬移过程。

2. 项目控制要求

(1) 按下启动按钮，机械手下降到达限位开关 S4 时停止。

(2) 机械爪夹紧工件 KM 吸合，停留 1 s，上升至限位开关 S3 停止。

(3) 机械臂右行至限位开关 S2 停止。

(4) 机械手开始下降至限位开关 S4 时停止。

(5) 机械爪松开 KM 失电，停留 1 s。

(6) 机械手上升至限位开关 S3 左行，左行至限位开关 S1 停止。

(7) 回到初始位置开始下一个工件的传送。

3. 实验内容

(1) 分配 I/O 地址，见表 A-14。

表 A-14　系统 I/O 口分配表

输入地址		输出地址	
启动	X004	左行	Y000
S1	X000	右行	Y001
S2	X001	上升	Y002
S3	X002	下降	Y003
S4	X003	KM	Y004

(2) PLC 外部接线图，如图 A-35 所示。

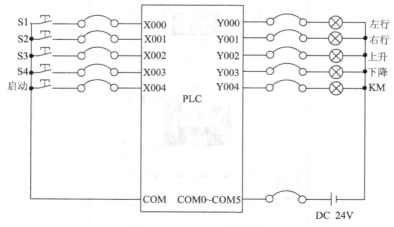

图 A-35　PLC 外部接线图

(3) 状态转移图设计，如图 A-36 所示。

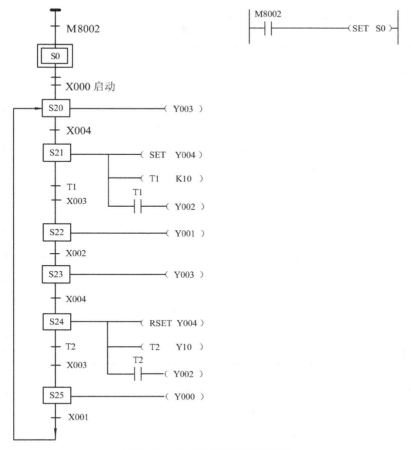

图 A-36 机械手控制状态转移图

(4) 状态转移图转成梯形图，如图 A-37 所示。

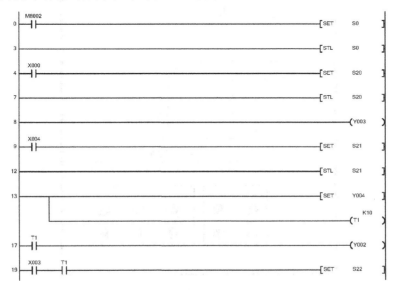

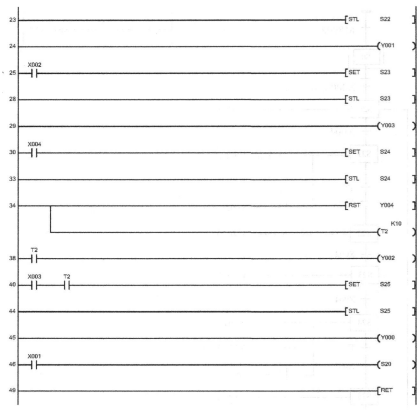

图 A-37　机械手控制梯形图

(5) 实验器材，如图 A-38 所示。

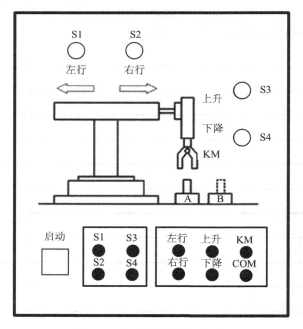

图 A-38　机械手控制实验面板

附录 B　三菱 FX3U 系列 PLC 基本指令表

助记符	名　称	功　能	回路表示和对象软元件
LD	取	a 触点的逻辑运算开始	X、Y、M、S、T、C
LDI	取反	b 触点的逻辑运算开始	X、Y、M、S、T、C
LDP	取脉冲上升沿	检测上升沿的运算开始	X、Y、M、S、T、C
LDF	取脉冲下降沿	检测下降沿的运算开始	X、Y、M、S、T、C
AND	与	串联 a 触点	X、Y、M、S、T、C
ANI	与非	串联 b 触点	X、Y、M、S、T、C
ANDP	与脉冲上升沿	检测上升沿的串联连接	X、Y、M、S、T、C
ANDF	与脉冲下降沿	检测下降沿的串联连接	X、Y、M、S、T、C
OR	或	并联 a 触点	X、Y、M、S、T、C
ORI	或非	并联 b 触点	X、Y、M、S、T、C
ORP	或脉冲上升沿	检测上升沿的并联连接	X、Y、M、S、T、C
ORF	或脉冲下降沿	检测下降沿的并联连接	X、Y、M、S、T、C
ANB	电路块与	电路块的串联连接	—
ORB	电路块或	电路块的并联连接	—
MPS	进栈	运算存储	—
MRD	读栈	存储读出	—
MPP	出栈	存储读出与复位	—
INV	取反	运算结果取反	—
MEP	上升沿微分	上升沿时导通	—
MEF	下降沿微分	下降沿时导通	—
OUT	输出	线圈驱动指令	Y、M、S、T、C
SET	置位	保持线圈动作指令	Y、M、S
RST	复位	解除保持动作等指令	Y、M、S、T、C、D、R、V、Z
PLS	上升沿脉冲	上升沿检测输出	Y、M

助记符	名　称	功　能	回路表示和对象软元件
PLF	下降沿脉冲	下降沿检测输出	Y、M
MC	主控	连接到公共触点的指令	—
MCR	主控复位	解除连接到公共触点的指令	—
NOP	空操作	无操作	—
END	结束	程序结束	—
步进指令			
STL	步进梯形图	步进梯形图开始	S
RET	返回	步进梯形图结束	—

附录C 三菱FX3U系列PLC功能指令总表

1. 数据传送指令

指 令	FUC No.	功 能	指 令	FUC No.	功 能
MOV	FUC 12	传送	PRUN	FUC 81	八进制位传送
SMOV	FUC 13	位移动	XCH	FUC 17	交换
CML	FUC 14	反转传送	SWAP	FUC 147	上下字节的交换
BMOV	FUC 15	成批传送	EMOV	FUC 112	二进制浮点数据传送
FMOV	FUC 16	多点传送	HCMOC	FUC 189	高速计数器传送

2. 数据转换指令

指 令	FUC No.	功 能	指 令	FUC No.	功 能
BCD	FUC 18	BCD 转换	INT	FUC 129	二进制浮点数→BIN 整数的转换
BIN	FUC 19	BIN 转换	EBCD	FUC 118	二进制浮点数→十进制浮点数的转换
GRY	FUC 170	格雷码转换	EBIN	FUC 119	十进制浮点数→二进制浮点数的转换
GBIN	FUC 171	格雷码逆转换	RAD	FUC 136	二进制浮点数角度→弧度的转换
FLT	FUC 49	BIN 整数→二进制浮点数的转换	DEG	FUC 137	二进制浮点数弧度→角度的转换

3. 比较指令

指 令	FUC No.	功 能	指 令	FUC No.	功 能
LD=	FUC 224	触点比较 LD[S1]=[S2]	AND>	FUC 233	触点比较 AND[S1]>[S2]
LD>	FUC 225	触点比较 LD[S1]>[S2]	AND<	FUC 234	触点比较 AND[S1]<[S2]
LD<	FUC 226	触点比较 LD[S1]<[S2]	AND<>	FUC 236	触点比较 AND[S1]≠[S2]
LD<>	FUC 228	触点比较 LD[S1]≠[S2]	AND<=	FUC 237	触点比较 AND[S1]≤[S2]
LD<=	FUC 229	触点比较 LD[S1]≤[S2]	AND>=	FUC 238	触点比较 AND[S1]≥[S2]
LD>=	FUC 230	触点比较 LD[S1]≥[S2]	OR=	FUC 240	触点比较 OR[S1]=[S2]
AND=	FUC 232	触点比较 AND[S1]=[S2]	OR>	FUC 241	触点比较 OR[S1]>[S2]

指令	FUC No.	功　能	指令	FUC No.	功　能
OR<	FUC 242	触点比较 OR[S1]<[S2]	HSCR	FUC 54	比较复位(高速计数器用)
OR<>	FUC 244	触点比较 OR[S1]≠[S2]	HSZ	FUC 55	区间比较(高速计数器用)
OR<=	FUC 245	触点比较 OR[S1]≤[S2]	HSCT	FUC 280	高速计数器的表格比较
OR>=	FUC 246	触点比较 OR[S1]≥[S2]	BKCMP=	FUC 194	数据块比较[S1]=[S2]
CMP	FUC 10	比较	BKCMP>	FUC 195	数据块比较[S1]>[S2]
ZCP	FUC 11	区间比较	BKCMP<	FUC 196	数据块比较[S1]<[S2]
ECMP	FUC 110	二进制浮点数比较	BKCMP<>	FUC 197	数据块比较[S1]≠[S2]
EZCP	FUC 111	二进制浮点数区间比较	BKCMP<=	FUC 198	数据块比较[S1]≤[S2]
HSCS	FUC 53	比较置位(高速计数器用)	BKCMP>=	FUC 199	数据块比较[S1]≥[S2]

4. 四则运算指令

指令	FUC No.	功　能	指令	FUC No.	功　能
ADD	FUC 20	BIN 加法运算	EMUL	FUC 122	二进制浮点数乘法运算
SUB	FUC 21	BIN 减法运算	EDIV	FUC 123	二进制浮点数除法运算
MUL	FUC 22	BIN 乘法运算	BK+	FUC 192	数据块加法运算
DIV	FUC 23	BIN 除法运算	BK-	FUC 193	数据块减法运算
EADD	FUC 120	二进制浮点数加法运算	INC	FUC 24	BIN 加 1
ESUB	FUC 121	二进制浮点数减法运算	DEC	FUC 25	BIN 减 1

5. 逻辑运算指令

指令	FUC No.	功　能
WAND	FUC 26	逻辑与
WOR	FUC 27	逻辑或
WXOR	FUC 28	逻辑异或

6. 特殊函数指令

指令	FUC No.	功　能	指令	FUC No.	功　能
SQR	FUC 48	BIN 开方运算	COS	FUC 131	二进制浮点数 COS 运算
ESQR	FUC 127	二进制浮点数开方运算	TAN	FUC 132	二进制浮点数 TAN 运算
EXP	FUC 124	二进制浮点数指数运算	ASIN	FUC 133	二进制浮点数 SIN-1 运算
LOGE	FUC 125	二进制浮点数自然对数运算	ACOS	FUC 134	二进制浮点数 COS-1 运算
LOG10	FUC 126	二进制浮点数常用对数运算	ATAN	FUC 135	二进制浮点数 TAN-1 运算
SIN	FUC 130	二进制浮点数 SIN 运算	RND	FUC 184	产生随机数

7. 旋转指令

指令	FUC No.	功　能
ROR	FUC 30	右转
ROL	FUC 31	左转
RCR	FUC 32	带进位右转
RCL	FUC 33	带进位左转

8. 移位指令

指令	FUC No.	功　能	指令	FUC No.	功　能
SFTR	FUC 34	位右移	WSFL	FUC 37	字左移
SFTL	FUC 35	位左移	SFWR	FUC 38	移位写入 [先入先出/先入后出控制用]
SFR	FUC 213	16 位数据的 n 位右移 (带进位)	SFRD	FUC 39	移位读出 [先入先出控制用]
SFL	FUC 214	16 位数据的 n 位左移 (带进位)	POP	FUC 212	读取后入的数据 [先入后出控制用]
WSFR	FUC 36	字右移			

9. 数据处理指令

指令	FUC No.	功　能	指令	FUC No.	功　能
ZRST	FUC 40	成批复位	CCD	FUC 84	校验码
DECO	FUC 41	译码	CRC	FUC 188	CRC 运算
ENCO	FUC 42	编码	LIMIT	FUC 256	上下限限位控制
MEAN	FUC 45	平均值	BAND	FUC 257	死区控制
WSUM	FUC 140	计算出数据合计值	ZONE	FUC 258	区域控制
SUM	FUC 43	ON 位数	SCL	FUC 259	定坐标(各点的坐标数据)
BON	FUC 44	判断 ON 位	SCL2	FUC 269	定坐标 2(X/Y 坐标数据)
ENG	FUC 29	补码	SORT	FUC 69	数据排列
ENEG	FUC 128	二进制浮点数符号翻转	SORT2	FUC 149	数据排列 2
WTOB	FUC 141	字节单位的数据分离	SER	FUC 61	数据检索
BTOW	FUC 142	字节单位的数据结合	FDEL	FUC 210	数据表的数据删除
UNI	FUC 143	16 位数据的 4 位结合	FINS	FUC 211	数据表的数据插入
DIS	FUC 144	16 位数据的 4 位分离			

10. 字符串处理指令

指令	FUC No.	功　能
ESTR	FUC 116	二进制浮点数→字符串转换
EVAL	FUC 117	字符串→二进制浮点数转换
STR	FUC 200	BIN→字符串的转换
VAL	FUC 201	字符串→BIN 的转换
DABIN	FUC 260	十进制 ASCII→BIN 的转换
BINDA	FUC 261	BIN→十进制 ASCII 的转换
ASCI	FUC 82	HEX→ASCII 的转换
HEX	FUC 83	ASCII→HEX 的转换
$MOV	FUC 209	字符串的传送
$+	FUC 202	字符串的结合
LEN	FUC 203	检测出字符串的长度
RIGH	FUC 204	从字符串的右侧开始取出
LEFT	FUC 205	从字符串的左侧开始取出
MIDR	FUC 206	字符串中的任意取出
MIDW	FUC 207	字符串中的任意替换
INSTR	FUC 208	字符串的检索
COMRD	FUC 182	读出软元件的注释数据

11. 程序流程控制指令

指令	FUC No.	功　能
CJ	FUC 00	条件跳跃
CALL	FUC 01	子程序调用
SRET	FUC 02	子程序返回
IRET	FUC 03	中断返回
EI	FUC 04	允许中断
DI	FUC 05	禁止中断
FEND	FUC 06	主程序结束
FOR	FUC 08	循环范围的开始
NEXT	FUC 09	循环范围的结束

12. I/O 刷新指令

指令	FUC No.	功　能
REF	FUC 50	输入/输出刷新
REFF	FUC 51	输入刷新(带滤波器设定)